食にまつわる
55の不都合な真実

金丸弘美

ディスカヴァー
携書
205

はじめに

食環境ジャーナリストとして、食とそれに関する環境のことを、わかりやすく見渡せるガイドがほしいなと考えた。

理由は3つある。

1つ目の理由は、自分自身と家族が、食べ物のことで健康を害した体験があることだ。

次男が小さい頃、市販のお菓子を食べると体がパンパンに腫れる、化学物質過敏症だったことをきっかけに、300人以上のアトピーの子供たち、専門の先生に会った。その中で、肌をかきむしったり血が流れたりという子供たちをたくさん見た。

アトピーが、食の偏りからきていることや、食の添加物や農薬など環境が大きく影響をしていることも知ったからこそ、食の大切さや、広く知られていない真実を伝える必要があると強く思ったのだ。

2つ目は、家族の健康を考え、妻の提案で、彼女の両親の出身地、奄美諸島・徳之島に移住をした経験をもったことだ。子供たちは高校を卒業するまで妻とともに島で過ごした。

徳之島は長寿と子宝を島の特長として掲げている。ところが実際に行ってみると、島にも本土の菓子やジュース類やインスタント食品がたくさん入り、また自動販売機も多くあった。大人では喫煙や飲酒をする人が多い。島でも車社会で運動量が少ない。若い人たちに肥満や生活習慣病が広がり早世が増えていた。

長寿の人たちは、社会貢献や、地域のつながりや、野良仕事など、みんな生きがいや目的をもっていた人たちだった。また、食事は地域の季節の食べ物を食べていた。それが結果的によく運動をし、食物繊維が豊富でバランスもよい食事をすることになり、長寿をもたらすものとなっていた。

長寿の食と生活環境に関しては、『100歳まで元気な人は何を食べているか？』（辨野義己著　三笠書房刊）が詳しい。辨野先生は長寿者のライフスタイルと食べ物、そして腸内細菌を調査されている。

長寿の要因には腸内細菌のバランスがあった。彼らの大腸内には長寿菌と辨野先生が呼ぶ腸内細菌が多く存在し、野菜摂取量も多く、つねに腸内の働きが高まっていた。

長寿の人間とそうでない人間の差を見つめ直すきっかけをもったことで、より一層食にまつわる知識を広めようと考えるようになった。

3つ目は、大学で食をテーマの講義をするようになったこと。

授業は、「みなさん美しくなりたいと思っていますよね。それにはまず、自分たちの健康や食べ物が大切ですよね」という話から始まる。

そして、辨野先生からいただいた本にある「腸内セルフチェックシート」を配布する。これには生活習慣、食事、トイレに関する質問が記載されている。「トイレの時間が決まっていない」「運動不足が気になる」「朝食を食べないことが多い」「野菜不足だと感じる」など24項目だ。5から9項目が該当すると腸内年齢はプラス10歳。10から14項目つくとプラス20歳となる。若い人ほど実年齢より腸年齢が老化している傾向があると言われる。

毎年のことだが体調不良の学生が多い。彼女たちが身近な食べ物と健康に関心をもち、ほんとうの意味で美しくなってもらいたい。そのために食がどこから来るのかを知ってほしいと考えた。

食料が身近にたくさんあるのに、食べているものは海外のもの。しかも、どこでだれが作ったものかわからない。食べても安心かどうかわからない。

実は、ほとんどの食料を輸入に頼っているのは先進国で日本だけだ。農業従事者は高齢化が進み、農産物生産の将来が危ぶまれている。これで海外からの食料輸入が止まったら、食べ物は簡単に手に入らなくなるだろう。

これらの問題を多くの人たちに知ってもらいたいと思って生まれたのが今回の本だ。それはまぎれもなく私たち自身の健康と未来の話だから。

食にまつわる55の不都合な真実◉目次

第2章　日本人の食生活についてクライシスな10の事実

第4章　食料自給率についてクライシスな18の事実

第5章　日本の農業についてクライシスな8の事実

第1章

食と健康についてクライシスな12の事実

　わたしたちの身の回りにはたくさんの食べものがあふれ、いつでも手軽に食べることができる。

　しかし、食事のバランスと生活のリズムを考えないと、体を作るはずの食べ物が、かえって体の不調を引き起こすことがある。

　現代ではアトピー、便秘、肥満、糖尿、高血圧、ガンなどの生活習慣病が広がっている。これらはファストフードをはじめとする簡易で高カロリーの、バランスを欠いた食が大きな要因になっている。

1　日本人男性の30代28・6%、40代34・6%、50代36・5%が肥満

働き盛りの日本人男性には肥満が多い。

肥満が進むとガンや糖尿病・高血圧・心臓病・腎臓病・脳卒中などのさまざまな病気の要因となる可能性が高いといわれている。30代男性では28・6%、40代男性ではなんと、34・6%が肥満である。

重度の肥満になると、正常な体重の者よりも寿命が8~10年短くなると言われている。病気になると医療費用がかかる。そのことが国全体の医療費を上昇させるばかりか、働き盛りの世代に影響を与えることから、肥満対策は国家の大きな課題にもなっている。

どの自治体も健康データや医療費を公開している。実際に自分の住んでいる市や町の健康データを検索してみるといいだろう。同時に高齢化率も調べることができる。見ると、将来、高齢化、疾患の増加、医療費の負担が財政に影響を与えることがわかるだろう。

BMI
＝体重(Kg)÷身長(m)²

やせ
標準
肥満
高度肥満

また、若者の比率が低くなっている自治体が圧倒的に多い。となると若い人に納税の負担がかかることになる。また若い人が肥満から、さらに病気にかかってしまうとなると、働き手が少なくなり、地域経済にも大きな影響を及ぼす。健康づくりは、未来の健康都市づくりでもある。

ちなみに肥満は、ＢＭＩ（ボディ・マス・インデックス）という数値で示される。これはＢＭＩ＝体重（kg）÷身長（m）^{2}という計算式で求められる。

ＢＭＩ指数の標準値は22・0。これは統計的に見ていちばん病気にかかりにくい体型で、標準値から離れるほど有病率は高くなる。

ＢＭＩ指数は、体脂肪率とも相関している。太りすぎの原因は、肉や油などの高カロリー高たんぱくの食べ物の食べ過ぎ・早食い・偏った食事・アルコールの採り過ぎ、運動不足、ストレスや睡眠不足などがあげられる。バランスのよい食事もさることながら、運動不足で大きな影響を与えているといわれているのが運動不足。食べるものはあふれているが、消化をうながす運動の機会が少なくなっているのだ。

ちなみにアメリカでは女性の37％、男性の35％が肥満である（２０１６年）。１９８５年には女性は17・４％、男性は14・３％だったから、倍以上になったことになる。年々増加傾向にある実態の裏側にはファストフードを中心とした食生活が日常化している現実がある。アメリカの医療費は３兆３２５４億US＄（２０１７年）。これは世界44か国のトップ。一人あたりの医療費も世界トップで１万２０９・４１US＄となっている。

アメリカでは低所得者階層ほど肥満は増える傾向にある。これは、安くて手軽なファストフードが簡単に手に入ること、一方で、医療情報は入りにくく、また医療行為を受けようにも膨大な費用がかかるためである。

2 20代女性の20・7%がやせすぎ

スリムで美しくありたいと願う女性は多い。しかし、最近目立って問題になりはじめたのは、「やせすぎ」ということである。

若い男性に肥満が増えているのとは反対に、若い女性にはやせすぎの人が増えている。20代やせすぎ女性の比率は2016年で20・7%。これは1981年の12・4%に比べてほぼ倍、そして女性全体では11・6%で、これも1981年の9・8%よりも増えている。

やせれば美しくなるというダイエット情報があふれるなかで、とくに問題がないのに太りすぎと思い込んでいる女性が多くなっているのである。

そして仮に太っていたとしても、間違ったダイエットで食事のバランスを欠いたり、急激なダイエットで、かえって体を壊すという人も出ている。

低栄養になると、貧血や体調不良に陥りやすい。生活習慣病にもなりやすいともいわれている。また、結婚後、生まれた子供の低体重にもつながりやすい。

なにごともほどほどが肝心。決して独断で判断せず、きちんと健康診断を受けることが大切。ふだんの食生活と体重や体脂肪などを、データから見て評価することが必要だ。なにより健康を保つのは、日々のバランスのとれた食事と運動と生活リズムなのである。

若い人のやせすぎに加えて、今、重点課題になっているのが高齢者におけるやせすぎをはじめとする低栄養の課題。高齢者（65歳以上）の低栄養は２０１６年で17・７％ある。とくに女性は高く22％ある。

また、十分な食と栄養をとり運動をしないと、介護や病気につながることが指摘されている。現在、高齢化比率が高まっていることから重点課題になっている。適度な運動、栄養バランスを考えた食事、十分な咀嚼などが推進されている。

２０２２年にはＢＭＩ20以下の者の割合は22・２％に達するのではと推計されている。それを上回らないように、健康促進が進められている。

3 世界保健機関（ＷＨＯ）は糖類の摂取量をエネルギー総摂取量の５％までと奨励

世界保健機関（ＷＨＯ）は２０１５年、成人および児童の健康のために、１日当たり遊離糖類摂取量を、エネルギー総摂取量の５％まで減らし、１日25ｇ（ティースプーン６杯分）程度にと発表した。

遊離糖類とは単糖類（ブドウ糖・果糖等）および二糖類（しょ糖・食卓砂糖等）のこと。食べものや飲料水などに入っている糖類や、蜂蜜・シロップ・果汁・濃縮果汁などが含む糖類だ。過体重・肥満・虫歯のリスクが減らせるとしている。

この背景には、子供も私たちも日常に接する清涼飲料水、ドリンク類、菓子類などに大量の糖分が含まれ、これが肥満や糖尿病など、生活習慣病につながることがわかったからだ。コーラ、サイダー、健康飲料、ジュース類などの砂糖は10ｇから多いものは50ｇくらい入っている。ドリンクによっては1本で軽く1日の摂取量を超えてしまう。

糖類は血糖値を急激に上げ、体は膵臓から大量のインスリンを出し血糖値を下げることを始める。それが慢性化すると、インスリンの機能不全に陥り、やがて肥満につながることが指摘されている。

肥満につながると、そこから糖尿病、脳疾患、ガン、認知症など、さまざまな疾患を起こすことが知られている。世界の糖尿病は、2017年4億5000万人。毎年増え11人に1人と言われる。病気で労働力が激減するほか、医療費も膨大に膨らみ、国家的な問題にもなっている。

糖尿病の多い国の順位は1位・中国1億1400万人、2位・インド7300万人、3位・アメリカ3000万人、4位・ブラジル1300万人、5位・メキシコ1200万人、上位5ヵ国で2億5000万人を超えている。日本は1000万人といわれる。

同時に、最近、さまざまなメディアで取り上げられはじめたのが、ご飯、パン、うどん、ラーメンなどの食品に含まれる糖質。これらも分解されてブドウ糖や果糖となり、それが吸収されて、肥満から糖尿につながるというものだ。つまり、普段、飲料水、菓子類も食べている上に、かたよった炭水化物の摂取が、過剰な糖質につながり生活習慣病につながることが指摘されている。健康に暮らすためには、ジュース類、菓子類を減らし、野菜、魚、肉など、バランスよく食べることが必要なのだ。

4　小学生の約4・5％に食物アレルギーがある

「最近は、肌を触るとザラザラしている子が増えました。15年前から増加傾向にあります」と語ってくれたのは、ある幼稚園の先生。

文部科学省・(公財)日本学校保健会では、「児童生徒のアレルギー疾患有病率」を2013年に調査している。それによると、アレルギー性鼻炎12・8％、アレルギー性結膜炎5・5％、ぜん息5・8％、アトピー性皮膚炎4・9％、食物アレルギー4・5％、アナフィラキシー0・48％となっている。前回調査の2004年より、少し減ったのはアトピー性皮膚炎のみで、あとは増加傾向にある。このため、どの学校も保健課や専門医師や、学校給食の栄養教諭などと連携し、万全な態勢がとられている。

人の体には、外から入ってきた異物（抗原＝アレルゲン）に対して、体内で抗体を作り、体を守る働きがある。ところが、抗体がなんらかの作用によって異常反応を起こしてしまうことがある。これがアレルギーだ。

抗体は免疫グロブリン（Ｉｇ）と呼ばれるたんぱく質で5種類ある。なかでもアトピー性皮膚炎や食物アレルギー、薬物アレルギーなどを引き起こすといわれているのがＩｇＥだ。ＩｇＥは誰の体にもあるが、ＩｇＥを多く生産する体質の人はアレルギーを起こしやすいといわれている。

アレルギーが増えている要因はさまざまだ。

機密性の高い住宅・ストレスの多い生活・運動不足・ディーゼル車の排出ガスなどの大気汚染・自然環境の喪失。そして、化粧品・農薬・洗剤・食品などの化学物質の氾濫など。なかでも、レトルトやインスタントなどの加工食品や添加物の多い食品・食事の洋食化・簡易化といった、食べ物環境の激変も大きな原因のひとつだ。

5　死亡要因のトップはガンで28・5％を占める

２０１６年、亡くなった方は１３０万７７４８人である。亡くなった要因のいちばん多いのはガン（悪性新生物）で37万２９８６人、死因の28・５パーセントでトップを占める。次に、心疾患、肺炎、脳血管疾患、老衰、不慮の事故、人災、自殺、大動脈瘤及び解離、肝疾患と続く。これらが死因のトップ10だ。

ガンで亡くなる方のうち男性は21万９７８５人、女性は15万３２０１人で、男性の方が多い。ガンで多いのは、大腸がん、肺がん、胃がん、前立腺がん、乳がんの順になっている。死亡が多くなっているのは、多い方から肺がん、大腸がん、胃がん、膵臓がん、肝臓がんとなっている。

国立がんセンターでは、がん罹患数・死亡数の予測を出している。ガンにかかる人は、

2020年から2024年で90・3万人、2025年から2029年で92・5万人になると予測されている。

一方、ガンでなくなる人は2020年から2024年で38・6万人、2025年から2029年で39・3万人になると予測されている。今後、ガンは増えるということになる。

国では健康増進法を定め「健康日本21」を策定して、ガンのほか糖尿病、肥満を始め、生活習慣病などをできる限り減らす政策を推進している。それだけ、今後の国民生活に影響を与えることが明らかになっているからだ。高齢化が進めば、介護、医療費などの負担が増える。生活にも困窮をきたすことが明らかだからだ。

そのためにも定期健診が勧められている。ガン検診のおかげで、早期発見につながり、重度にいたらないケースも増えている。

住んでいる自治体では、どこでも「健康21」にそって、その地域ごとの健康調査と、健全な生活を送るための取り組みが示されている。ホームページで見ることができるので、調べてみるといいだろう。

ガンのリスクの要因として、トップにあがっているのは喫煙だ。

喫煙者は、全成人に対して男性30・2%、女性8・2%（2016年）。男性、女性ともに1955年以降減少傾向にはある。ただ男性は2010年以降は減少がゆるやかになっていて、女性は20歳から40歳は減少しているが50歳で増加傾向にある。

喫煙率が高い上位5県（2016年）をみると、男性は、佐賀県、青森県、岩手県、北海道、福島県。女性は、北海道、青森県、群馬県、神奈川県、千葉県となっている。男女ともに入っている青森県は、47都道府県の長寿ランキングで最下位となっている。

このために、「健康日本21」では、「たばこはできるだけ吸わない」「他人のたばこは避ける」ことが掲げられている。2018年7月、受動喫煙防止法が制定されて、2020年4月1日から実施される。ホテル、飲食店内など多くの人が利用する施設での禁煙となる。ガンを防ぐためにも必要なことだろう。

喫煙のほかにガンのリスクが高いものとして挙げられているのが、感染性（ウイルスや細菌によるもの）、飲酒（アルコール）、塩分過多、受動喫煙、果物不足、野菜不足、運動不足、肥満である。バランスのよい食事、適度の運動、野菜や果物も十分に取り入れた食生活がのぞましいとされる。

6　45歳以上の高血圧性疾患の患者は36万人

男性も女性も30代後半ともなると高血圧になる人が増えはじめる。

高血圧性疾患の患者数は45〜54歳で82万８０００人、55〜64歳で１５４万７０００人、65歳以上では急増し６６９万３０００人にもなる。高血圧になると血管がもろくなり、動脈硬化や脳卒中・心臓病・腎臓病などになりやすい。

高血圧の原因には食生活がおおいにかかわっている。ふだんの食生活が、高カロリー高たんぱく質・油分・肉類・乳製品などが多いアンバランスな食事で、それに運動不足などが加わると、高血圧が増えるということになる。

高血圧に肥満はもっとも大敵。コレステロール・中性脂肪などの血液中の脂肪が高い人ほど高血圧になりやすい。喫煙やストレス・お酒の飲みすぎ・塩分のとりすぎなども高血圧の要因だ。

30代といえば、働き盛りの世代。

ついつい仕事や時間に追われて、ふだんの食生活が簡易になったり、不規則になったりしがちなときだ。しかし、忙しさをいいわけに、きちんと食を選ぶことを忘れていると、大切な健康を失ってしまう。

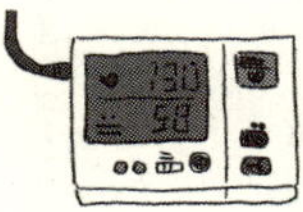

7　「糖尿病が強く疑われる者」「糖尿病の可能性を否定できない者」それぞれ約1000万人

糖尿病が強く疑われる者（糖尿病有病者）は年々増加傾向にあり、１９９７年の６９０万人から増えつづけ、２０１６年には１０００万人になっている。

糖尿病の可能性を否定できない者（糖尿病予備群）は１９９７年６８０万人から増えて、２００７年には１３２０万人にも達したが、２０１６年には減少し、約１０００万になっている。しかし、「糖尿病が強く疑われる者」、「糖尿病の可能性を否定できない者」を合わせると約２０００万人になるので、楽観視することはできない。

「糖尿病が強く疑われる者」の割合は男性16・３％、女性９・３％。「糖尿病が強く疑われる者」の年齢層別割合（20歳以上）は、男性で20代は０％、30代で１・３％、40代で３・８

%、50代で12・6%、60代21・8%、70代で23・2%。女性は20代で1・2%、30代で0・7%、40代で1・8%、50代で6・1%、60代で12・0%。70代で16・8%である。男女ともに50代から糖尿病を疑われる人が一気に増えていることがわかるだろう。

糖尿病になると血液の循環が悪くなり、さまざまな疾患の要因となる。手足のしびれ、むくみ、視力の低下、腎臓機能の低下にはじまり、やがて、脳卒中や心筋梗塞につながるなど重度の病気をもたらす要因になることから、現在、糖尿病の対策は大きな課題になっている。

高齢化社会の現在、糖尿病になれば、医療負担がかかるだけでなく、暮らしにも大きな影響をもたらす。医療の負担は、市町村の財政負担にもつながることとなる。

糖尿病の要因となるのは、高血圧、脂質異常症（高脂血症）、運動不足、バランスを欠き偏った食事、食べすぎ、飲みすぎ、それにともなう肥満など。防ぐためには、それぞれ個人が自覚をもって生活リズムを整え、適度な運動をしたり食事に気を配ったりすることなどが大切だ。

糖尿病をできるだけ減らすために、国では、定期健診を行い、予防に努めるように呼び掛けている。特に40代から急に増えることから、働き盛りの人たちに健診を勧めている。

定期健診によって、身長、体重、血液など、きちんと検査を受けることも必要だが、それ以上に生活リズムを適正に保ち、バランスのよい食事と運動を心がけることが欠かせない。

8　国民医療費は42兆3644億円。一人当たりの国民医療費は33万3300円

国民医療費（2016年）は42兆3644億円にもなっている。1954年は2152億円だった医療費は1975年くらいから伸び始め、平成に入って急伸する。こうして見ると、年々医療費の上昇ぶりが大きなものとなっていることがわかる。現在では人口一人当たりの国民医療費は33万3300円にものぼる。

国民医療費の国内総生産（GDP）に対する比率は7・96％、国民所得（NI）に対する比率は10・91％となっていることから、国の経済、個人の所得の上でも、医療費の占める割合が増加の一途をたどっていることがわかる。

国民医療費は、今後もさらに伸びることが予測され、2025年度には57・8兆円に増加するという。このうち、65歳以上の高齢者の医療費は、23・5兆円から34・7兆円に。医療費全体に占める割合は60％に。特に後期高齢者（75歳以上）の医療費は25・4兆円にも

なると言われている。

厚生労働省の「今後の年齢階級別人口の推計」を見ると、２０１０年１億２８０６万人から人口が減り始め、２０５０年には９５１５万人までになると推定されている。同時に15歳から64歳までの生産人口は減っていくのに対して、高齢者の人口が増えている。

65歳から74歳までは将来やや下がる傾向にあるが、75歳以上は上昇を続け、２０５５年には26・１％にまでなると推測されている。

一人当たり医療費は、65歳から74歳までは２０１５年度の51万円から２０２５年度には32・７％増の67万円に、75歳以上は、95万円から26・５％増の１２０万円になるとされている。

高齢になると病気だけでなく、入院、介護なども増える。２０１６年の要介護（要支援）は６２２万人。16年間で２・85倍となっている。医療費があがると個人負担ばかりか、高齢者医療のための拠出金の額が増大し、国の財政の大きな支出が求められる。経済的にも多大な影響を与えることとなる。国の財政は１９９０年以降、歳出が歳入を上回り、不足分を国債でまかなう借金体質になっている。

9　30代男性の4人に1人は朝食を食べない

つい仕事に追われ、朝食や昼食を抜いた経験のある人は多いはずだ。働き盛りの人には欠食の習慣がある人が多く、20〜29歳男性で24%、30〜39歳男性では25・6%にもなる。女性では20〜29歳で25・3%、30〜39歳で14・4%である。

なかでも朝食を食べない人は男性の30〜39歳がもっとも多く、実に4人に1人は朝食を食べていないことになる。

朝食を食べないことで起こる体の影響は大きい。

体温が低くなり、脳の働きも弱いままで、集中力が欠けてしまうのだ。

エネルギーになるブドウ糖が肝臓に蓄えられるのが食事をしてから12時間までなので、前日の夜の蓄えが朝にはなくなってしまう。したがって朝食を食べないと、朝から昼にかけて集中力がなくなったり、いらいらする原因にもなる。また腸の働きが活発にならず、便秘の原因にもなる。

朝食の欠食が増えるのは15歳から。なぜこうなるかというと、この年代から夜更かしすることが増え、夜遅く食べたりして、朝早く起きられず、朝食を食べずに出かけることが多くなるからといわれている。

元気な一日を過ごすためには朝食は欠かせないので、必ず朝食を食べる習慣を身につけるような家庭の環境づくりや、社会の働きかけが求められる。

10　現代人が一回の食事で噛む回数は620回

若い日本人に、細面の顔の人が増えているといわれるようになったのは、1980年代頃だ。これは、ふだん食べる食事の噛む力と回数に関係しているという。現代人が一回の食事で噛む回数は620回。これは戦前の1420回の半分以下だ。さかのぼって弥生時代にはなんと3990回だったという。

弥生時代の日本人は、米・麦・大豆・ドングリ・粟や稗などの雑穀、猪・鹿・犬・ウサギ・タヌキなどの肉、さまざまな魚などを食べていたことが知られている。野生の獣や鳥、野草や果実なども多かっただろうから、噛みごたえがあったのだろう。

弥生時代と比べると、現代の食事は噛まないで食べられるものが多い。インスタント食品・レトルト食品・ファストフードなどだ。食事時間を比べると、和食は1019回噛んで13分29秒。ファストフードは562回噛んで8分27秒だという。

しかし一方で、噛む回数が減ると、さまざまな障害を引き起こすことが指摘されている。あごの筋肉が衰え、あごが細くなって歯並びが悪くなったり、消化や脳の働きが弱くなるというのだ。しっかり噛んだほうが脳に刺激を与えて、学習能力が高くなることが調査でも明らかになっている。

また、しっかり噛むと、唾液がたくさん出て消化がよくなり、その抗菌作用によって虫歯や歯周病になりにくいともいわれる。現在、日本人の7割が歯周病といわれている。

11　小学生の10％近くが肥満傾向にある

小学生はなんと、その10％が肥満である。肥満になると将来、糖尿病、脂質異常症、高血圧などを始め、生活習慣病につながることから、学校でも健康指導が行われている。

２０１７年の文部科学省統計では、小学生６歳男子で４・39％、11歳で９・69％。中学生12歳で９・89％、14歳で８・９％。高校15歳で11・57％、17歳で11・71％。

女子は小学生６歳で４・42％、11歳で８・72％。中学12歳で８・01％、14歳で７・01％。高校15歳で７・96％、17歳で７・95％ある。

男子は学年があがると肥満が増える傾向にあるが、それでも生活習慣の指導から、年々、肥満率は減っている。２００６年は男子６歳で５・70％、９歳から11歳は10％を超え、11歳は11・82％もあった。中学生は13歳で13・36％、14歳11・20％もある。中学はすべて10％を超えていた。高校生15歳は13・76％、17歳12・90％だった。

女子は、小学生６歳で４・08％、11歳９・95％。中学12歳10・13％、14歳９・20％。高校では15歳10・15％、17歳９・67％もあった。

日本小児内分泌学会では、肥満が増えてきたと言われるのは１９７０年代以降という。子供たちの環境の変化があげられている。ファストフード、コンビニ、自動販売機、清涼飲料水の増大などで簡易な食が手軽に手に入る。偏った食生活、運動不足、気軽に遊べる場所の激減など。さらにスマートフォン、インターネットなどの閲覧で就寝が遅くなるなどが背景にある。

最近の市町村の保健課では、市販の実物の食品、清涼飲料水を展示して、採り過ぎを警告することが各地で行われている。清涼飲料水に含まれる砂糖は何グラムなのか。カップ麺には油脂、塩などがどれだけ含まれているのか。チョコレートやケーキに砂糖や油脂がどれだけ入っているのか。これらを示し、過剰に摂取しないよう呼び掛けている。

とくに清涼飲料水には過分な砂糖が含まれ、カップ麺には油脂や塩が多く、それらでお

昔のおやつ・・・手作りや自然食品

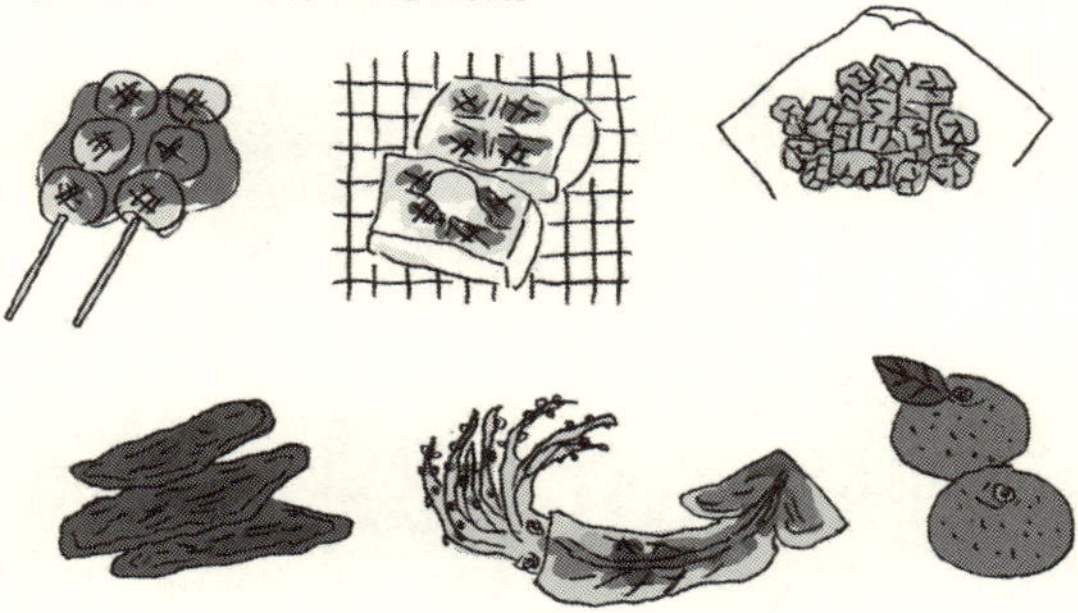

今のおやつ・・・市販の加工食品

なかを満たすと、食の偏りばかりか、砂糖・塩分の摂取過剰になり、体調不良の要因になることが警告されている。

小学校、中学校では、多くが学校給食を取り入れている。学校給食は、「学校給食法」というのがあって、教育という位置づけになっている。栄養バランス、健康をつかさどるだけでなく、地域の文化や食べ物の仕組みまでを学ぶ場になっている。

しかし、給食は年間１９０食ほど。給食任せでは、子供の健康は守れない。行政と地域と学校、栄養士・保健課などと親とが連携して、普段から子供の健康な食生活と運動、生活リズムを作ることが大切になっている。

12　平均寿命ランキング男性1位は滋賀県、女性1位は長野県

毎年、都道府県別の平均寿命が厚生労働省から発表されている。男性1位は滋賀県の81・78歳、女性1位は長野県87・67歳だ（2016年）。男性の2位は長野県、3位京都、4位奈良、5位神奈川と続く。女性は2位岡山、3位島根、4位滋賀、5位福井。ちなみに全国の平均では男性で80・77歳、女性で87・01歳だ。

寿命がのびた理由が、それぞれの県で紹介されている。滋賀県では、たばこを吸う人が少ない、多量飲酒する人が少ない、スポーツをする人が多い、学習・自己啓発をする人が多い、ボランティアをする人が多い、失業者が少ない、労働時間が短い、県民所得が高い、所得格差が少ない、図書館が多い、高齢者の単身者が少ない……などがあがっている。

長野県では、就業率が高い、高齢者の就業率も高い、社会活動やボランティアの参加が

多い、喫煙率が少ない、野菜摂取量が多い、メタボの該当者・予備軍が少ない、保健師数が多い、周産期死亡率（死産、早期新生児の死亡）が少ない、県民所得が高い、などがあがっている。

両県に共通するのは、生きがいや働きがい、生活の余裕、人とのつながり、運動など、さまざまな要素があって長生きだというのがわかる。そして二つの県は、早くから健康対策と指導を行ってきていることが大きい。

「都道府県別の肥満及び主な生活習慣の状況」を見ると、肥満率は長野県が25・7％で40位、滋賀県が22・5％で45位と低い。肥満率のトップは沖縄県の45・2％。沖縄はかつて長寿日本一だったが、食生活と暮らしの変化で生活習慣病が増え、平均寿命の順位が下がった。

一日の野菜摂取量は、男性379g、女性353gと長野県がトップ。滋賀県は男性38位で282g、女性26位で280g。健康には野菜を一日350gが理想と厚生労働省が勧めているが、長野県は摂取量が高いことがわかる。ちなみに全国平均は290g。

食塩の取り過ぎは高血圧を招くことから、男性で一日8g、女性で7g未満と厚生労働省で定めている。長野県は男性12・5gで6位、女性は10・7gで8位。塩の摂取量が高いが、野菜の摂取量が多いことから排出作用も働いているのでは、と推測される。滋賀県は男性11・4gで37位、女性は10・1gで19位。

一日に歩く歩数は、長野県は男性で7196歩で19位、滋賀県7436歩で13位。女性は滋賀県が6442歩で8位。長野県が6422歩で11位。結構歩いていることがわかる。飲酒習慣は、長野が36・5%で19位。滋賀が34・6%で28位。喫煙は、長野が33・3%で44位。滋賀が36・0%で32位といずれも低い。

都道府県の平均寿命で必ず話題になるのが青森県。毎年、最下位にあるからだ。生活習慣の状況をみると、喫煙、飲酒で全国トップにある。肥満は38・0%で8位。野菜摂取量は男性31位で292g、女性29位で275g。食塩摂取量は男性13gで2位、女性10・9gで5位。一日に歩く歩数は男性5976歩で46位、女性5657歩で46位などとなっている。

第2章
日本人の食生活についてクライシスな10の事実

野菜や果物は、旬が一番安く栄養価も高い。それなのに多くの人がキュウリやトマトの旬を知らないのはなぜだろうか？

また、トレーサビリティ・システム（食品がどこで生産され、どう流通してきたかを調べることができるシステム）は、なぜ必要とされるのだろうか？

こうしたことがらの背景にはいずれも、大量に安く食べ物を作るようになったことがある。私たちは、もっと食べ物の現場を知らなければならないのではないだろうか？

13　米は主食じゃない？　一人当たりの消費量1962年118kgが2017年は54・4kgに

よく「米は主食」だというが、これは本当だろうか。実は、米の消費量は年々減っている。米の一人当たりの年間消費量は1962年には118kg。そこから年々下がり始め、2017年には、およそ半分の54・4kgまでに減っている。年間8万トンずつ消費量が減っているといわれている。

一方、パンの消費量と消費額は年々増加傾向となり、総務省の「家計調査」の食料品支出額で、2013年にパンが初めて米を上回った。2人以上の世帯のパンの年間消費額は全国平均で28318円（ひと月平均2360円）、米は27428円（同2286円）となっている。

ちなみに、筆者が講師をしている女子大学では、毎年、朝食の調査をしている。

朝ご飯の内容を見てみると、ご飯中心が23％、パン中心が25％、ご飯やパンなどその日によって違う29％。となっている。そのほかをみると、サラダ、フルーツ、ヨーグルト、シリアル、クッキーやチョコレートなどもある。食は多様化し、彼女たちの朝ご飯は、パンが米を逆転しているのだ。


米の消費量が減っているというのは、街の食料品からもうかがえる。

東京の都心部のスーパーに行ってみると、販売されている米の中心は１kg。なかには４５０ｇのものもある。５kg、10kgのような大きな単位の販売は少ない。というのは、都内では一人暮らしや高齢者も増えているため購入量自体が減っているからだ。

また、食べる場の変化も大きな影響がある。スーパー、デパート、駅構内などの食品売り場に行くと、必ずといっていいほどパン屋が出店している。たいていは、イートインがあり、パンを購入して食べることができるようになっている。では、米はどうだろう。米売り場にご飯を食べるところがあるというケースは、ほぼないと言っていい。

コメの大生産地、秋田、山形、新潟などは、大キャンペーンを展開し、ＣＭも使って米の販売に熱心だ。

米の名前も多彩になっている。コシヒカリ、ひとめぼれ、はえぬき、森のくまさん、あきたこまち、キヌヒカリ、ななつぼし、つや姫、ゆめぴりか、きらら397、ミルキークイーン、ヒノヒカリ、さがびより、あいちのかおり、まっしぐら、金芽米、ササニシキ、あさひの夢、こしいぶき、にこまる、ふっくりんこ、元気つくし、きぬむすめ、おいでまい、つがるロマン、青天の霹靂《へきれき》、てんたかく、あきほなみ、なすひかり……などなど、覚えきれないほどある。ブランド米ブーム以後、今の日本には300種類以上の米があるという。

毎年、米の食味ランキングというのが一般社団法人日本穀物検定協会から出されている。プロの鑑定士が申請のあった米をテイスティングをして、評価をしていく。味わいや粒立ち、香りなどのいちばんよかったものを特Aとして、その次はA、A'、B、B'というようにランク付けをして発表している。2017年「特A」は43点（16年産は44点）、「A」は76点（16年産は79点）、「A'」は32点（16年産は18点）、「B」及び「B'」は該当なしとなっている。

特Ａといっても数が多過ぎて、選択に困るほど。せっかく特Ａをとっても米の消費が減っては、もともこもない。これからは、食べる場、食べ方までを提案をするべきだろう。特にダイエット志向が高くなっている今日、女性向けに、美しく食べられるという、バランスを考えてのレシピ提案を含めての売り場が求められる。

14　惣菜（中食）の利用は10兆555億円。10年前の123％の伸び

一般社団法人日本惣菜協会「惣菜白書2018年版」によると「中食」と呼ばれるスーパーの惣菜やコンビニの弁当などの調理済み食品の市場規模は10兆555億円。10年前の123％になる。総務省家計調査によると1985年を100とした場合、2016年には70・2％も増えている。

デパート、スーパー、コンビニ、食品店などで面積が増えているのが、弁当や調理済み食品の売り場だ。ワンフロアまるごと、というところも珍しくない。

なかにはスーパーのなかに、そのまま食べるイートインスペースがあり、店内で購入したもので昼食を済ます、家族で食べるということも珍しくなくなった。

都市のオフィス街に八百屋が進出。旬野菜たっぷりのお弁当、惣菜と、日替わりスムージーで人気を博している「旬八青果店」という形態も現れた。人気の理由は、オフィス街

で気軽でリーズナブルに昼食が食べられること。また、ビルのマンションには、一人暮らしの高齢者も多い。家で料理をするには、材料から購入すると時間も手間もかかるし、食材も持て余す。種類が多く手軽にチョイスできる惣菜が人気というわけだ。

中食が増えたのは、共働きが多くなり、購入して食を済ますというライフスタイルが一般化したからだ。1世帯当たり月平均食費支出の推移（全国2人以上の全世帯）を見ると、1992年が8万2400円。それから年々下がり、2015年には7万1800円になっている。これは高齢化で一人暮らしも増えているからだ。内訳を見ると、1992年内食が4万9900円あったものが2015年には3万8200円に激減。替わって伸びたのが中食で、7000円から9000円になっている。外食や菓子類・飲料・酒はほぼ横ばいとなっている。

販売元を見てみると、惣菜専門店、スーパー、コンビニが圧倒的にシェアをもっている。あとは総合スーパー、百貨店などだ。よく購入される首都圏のベスト5は、弁当、おにぎり、サンドイッチ、コロッケ、野菜サラダとなっている。

購入の選択基準をみると、①おいしさ、②価格、③メニュー、④消費期限、⑤栄養バランスの順である。

総務省の「1人当たりの食料の実質金額指数の推移」を見ると、1985年からの統計グラフをみると、そこからどんどん下がっているのは「内食」。つまり、米、魚、肉など材料を購入し家で作るもの。

「食料」は、菓子、お酒などの購入が、やや下降ぎみで、横ばい。「外食」は1999年、やや上昇したものの、次第に下がり、ほぼ横ばい。ところが、「中食」は、どうだろう。なんと170・2％と、これだけが急成長をしているのである。このなかで消費を伸ばしているのは、弁当、すし、おにぎり、調理済みパンなど、主食にあたるものだ。ということは、多くの人は今や主食を中食で済ましているということだ。

おふくろの味、家庭の味というのは、はるか昔のことになりつつある。

15　日本食の代表うなぎは１９５７年の２０７ｔから激減、２０１７年には15・５ｔに

日本人になじみの深い食べ物にうなぎがある。縄文時代からすでに食べられていたと言われ、食文化が発展をした江戸時代には、今のような、タレをつけて食べるかば焼きが、広く食べられるようになる。そして今、そんなうなぎの漁獲量が激減。気軽に食べるというわけにはいかなくなっている。

うなぎは値段も上がり、昨今高級料理並みの価格になっている。あまりに値段が上がりすぎたせいで、輸入の中国産のほうに流れて、国産が高価格のために売れ残るという事態も生まれるほどになっている。スーパーに行くと、中国産のうなぎのかば焼きが圧倒的に場所を占めている。それでも決して安くはない。

うなぎは、川で過ごしたのち、海にでて、日本から約２０００㎞も離れたマリアナ諸島付近の海域で産卵することが知られている。もっとも産卵する海域がわかったのは

2011年というから、それまで長い歴史のなかで食されてきたにもかかわらず、産卵場がわかったのはほんのつい最近のことだ。産卵海域がわかったと思ったら絶滅の危機にさらされているというから穏やかではない。

うなぎは、卵から孵ったあとの子供のシラスウナギを捕獲し、それを養殖して大きく育て、うなぎの店に並ぶということとなる。ところが、シラスウナギが激減してしまった。1957年207tが獲れていたものが毎年のように減っていき、2017年には15・5tにまでになっている。60年で全盛期の7%になったこととなる。

1973年から海外からのうなぎの輸入が中国、台湾などから始まった。徐々に増えていき、ピークは2000年。そのなかでヨーロッパウナギが中国に入り養殖されて日本に輸出されていた。ところがそんなヨーロッパウナギが激減。2007年にはヨーロッパウナギがワシントン条約附属書に掲載され、2009年から貿易規制されるようになった。国内でのうなぎの捕獲も減ると同時に輸入自体も激減してしまったのだ。

国際自然保護連合（IUCN）は、2014年6月、ニホンウナギを絶滅危惧IB類、ビカーラ種（太平洋海岸周辺やインド洋海岸周辺に生息するウナギ）を準絶滅危惧としてレッドリストに掲載。同年11月には、アメリカウナギも絶滅危惧ＩＢ類として掲載。

ＩＢ類とは、近い将来に絶滅の危機があるもの。ＩＡ類は、ごく近い将来に絶滅する危険性が極めて高いもの。ＩＡ類に登録されたヨーロッパウナギは、かつて中国に入り養殖されて日本に輸出されていたが、これがＥＵによって輸出が制限されたことから、日本へも入ってこなくなった。

捕獲の規制がかかると同時に、環境の取り組みもよびかけられるようになった。

絶滅危惧になった理由は、多くの要因があると言われる。河川の整備や護岸工事、埋め立て、ダムの建設など、生き物が生息できる環境が激変したことや、乱獲や密漁が行われたこと、気候の変化なども挙げられている。

このため、水辺や海岸の生息環境を取り戻す取り組みや、厳しい捕獲制限、密漁の取り締まり、養殖の制限、中国・韓国・台湾などとの協力など、うなぎを取り戻すさまざまな試みが行われている。

16　スローフード協会の会員数は160カ国10万人

スローフードとは、もともとはＮＰＯ法人の名称である。スローフード協会の専任スタッフは１４０名、本部は北イタリアのピエモンテ州・ブラという町にある。

協会は、食文化をテーマにしたイベントや出版・ツーリズム（観光事業）・学校教育・大学運営・コンサルティングなどの地域食文化のプロモーションを事業としている。彼らの活動が通称スローフードと呼ばれている。

スローフード協会の活動目的は、大量消費大量生産で画一化される食のグローバリゼーションに対抗して、地域の多様な食文化を継続させ、発展させていくことだ。

もともとは「イタリア余暇文化協会」という文化団体。１９８６年にイタリアへのマクドナルドの進出に対して地元で反対運動が起こり、「向こうがファストなら、こちらはスローで」というわけでスローフードという名称が生まれた。

ファストフード
ハンバーガーショップ
VS
スローフード協会
イタリアレストラン
スローフード

マクドナルドの進出は、伝統的な建築物の景観を損なうだけではなく、地元のレストランにとっても死活問題である。なにより、どこから持ち込まれたかわからない食材の人工的な味を押し付けられることに反発が起きたのだ。

スローフード協会の運営は全世界160カ国10万人の会員の会費・出版・イベント・プロモーションなどの収益でまかなわれている。年会費はイタリアで50ユーロ。日本では1万円だ。

17 食糧の環境負荷フードマイレージは一人当たり約7000tkm

イギリスの消費者運動家ティム・ラングが1994年から唱えはじめたフードマイレージという考え方がある。これは「輸入食料の数量」と「輸入する国同士の首都から首都までの距離」とをかけたもの。単位は1トンを1キロメートル運ぶ量を意味するtkm（トンキロメートル）で表される。これは、食料が遠くから運ばれるほど、輸送による二酸化炭素の排出など環境負荷がかかり、環境汚染につながることに注目して生まれた考え方だ。

フードマイレージで、日本の1年間の輸入食料を計算すると、総量約9000億tkm。一人当たり約7000tkmとなる。お隣の韓国は総量約3000億tkm、一人当たり約6600tkm。アメリカでは総量約3000億tkm、人口一人当たり約1000tkmである。日本は韓国の2・3倍、アメリカの7倍の環境負荷をかけているということになる。

輸入でもたらされるCO_2（二酸化炭素排出量）は、16・9百万トンと換算される。

日本の食料の輸入は613億ドル、輸出31億ドルと、完全に輸入超過。ほとんどの食料を輸入に依存している。農産物の輸入額では世界1位となっている。おもな農産物をみると、大豆はアメリカ、ブラジル、カナダから。牛肉はオーストラリア、アメリカ、カナダなどから。豚肉は、アメリカ、カナダ、オーストラリア、ドイツなどから。魚介類は、中国、チリ、アメリカ、ロシア、タイ、ベトナム、ノルウェー、インドネシア、韓国などから日本に輸出されている。それだけ移動の環境負荷も多いというわけ。

フードマイレージは、食品の移動における環境負荷を単純に計算し指標としてわかりやすくしたもの。この計算ではわからない環境負荷も指摘されている。たとえば、トラック便より列車のほうが負荷が低くなる。ハウスで集約をして重油を使って促成で栽培をするよりも、粗放栽培で海外からもってくるほうが環境負荷が少ないなど。ただ、わかりやすい概念として広く知られるようになった。

そこから地域で農産物を生産したほうが環境負荷がかからない、また地域の持続社会を創ることができるということから、国内では「地産地消」の推進が行われている。同じ考えからイタリアでは「キロ・ゼロメートル」ということが勧められている。

生協の宅配パルシステム連合会では宅配会社４団体と共同で２０１０年から「ポコ（ｐｏｃｏ）」の表示をし「フードマイレージ」CO_2排出量削減の取り組みをしている。

輸入と国産のCO_2の差を１００ｇ単位で示したもの。例えば大豆１００グラムの輸送時のCO_2排出量は、輸入では72・5グラム、国産なら13・9グラム。その差は約59グラム。0・59ポコと表示するというもの。消費者はポコで自分が削減したCO_2量が把握できるというわけだ。

18 JASが認証した有機農産物を生産する農家は8000戸で、全農家のわずか0・3%ほど

スーパーなどの野菜や果物に、「JAS有機」のマークが貼ってあるものがある。これは3年以上農薬や化学肥料を使わない耕地で、有機堆肥を利用して栽培された作物だという印である。

JAS有機の認証がはじまったのは2001年からだ。ところが認証を取得しているのは、312万戸といわれる農家全体のうちでわずか8000戸。全農家の0・3%。まだそれほど広がっていないのだ。

この背景には、JAS有機認証制度が、農家にとって負担が大きく、その割にあまり高く販売できないという理由がある。リンゴ、ブドウ、ミカンなど、完全な有機栽培が難しい作物もある。

消費者は、安心安全なＪＡＳ有機の作物がたくさん欲しいという。

しかし、そのために農家が有機認証の機関の人に来てもらって畑の検査を行い、さらに毎年認証のための料金を払う必要があること、マークを購入して農産物に貼らなければならないこと、それぞれの畑ごとに書類を出さなければならないことなど、手間と時間とお金がかかることを知らない人が意外と多い。それだけの手間をかけて、2割も3割も高く販売できるかというとそうとは限らない。ＪＡＳ認証の意味と手間をまだ理解していない消費者も多い。

このために有機であるというＪＡＳ認証はとらないで、農薬や化学肥料を減らした特別栽培農産物として、その栽培方法や経歴を公開するという農家が増えている。

ほかにも、直売所を通して販売したり、農家体験をしてもらうことで、安心安全を理解してもらうといった取り組みも進んできた。つまりＪＡＳの認定よりも、消費者との〝顔の見える関係〟を求める農家が増えているのである。

19 魚や野菜、くだものの旬について知っている人の割合は50％以下

作物が旬に関係なく栽培されたり、全国各地から運ばれたり、海外から持ち込まれたりするために、「食べ物の旬は?」と聞かれても、簡単に答えにくくなっている。たとえばイチゴはハウス栽培が盛んなために10月から5月まで出回る。

旬とは魚や果物や野菜など食べ物がいちばんおいしくたくさん出回る時期のこと。旬のものがいちばんうまみもあるし、値段的にも安い。また、栄養価も高く体にもよいといわれる。

食べ物の旬についての素材別の調査によれば、キュウリ・タケノコ・ブリなどの正解率は高いものの、カボチャ・ホウレン草・アジともなると正解率は50％以下になる。このデータの調査対象は、料理教室に来る人たち。食への関心は相当高いはずだが、それでも半分の人は旬がわからない。

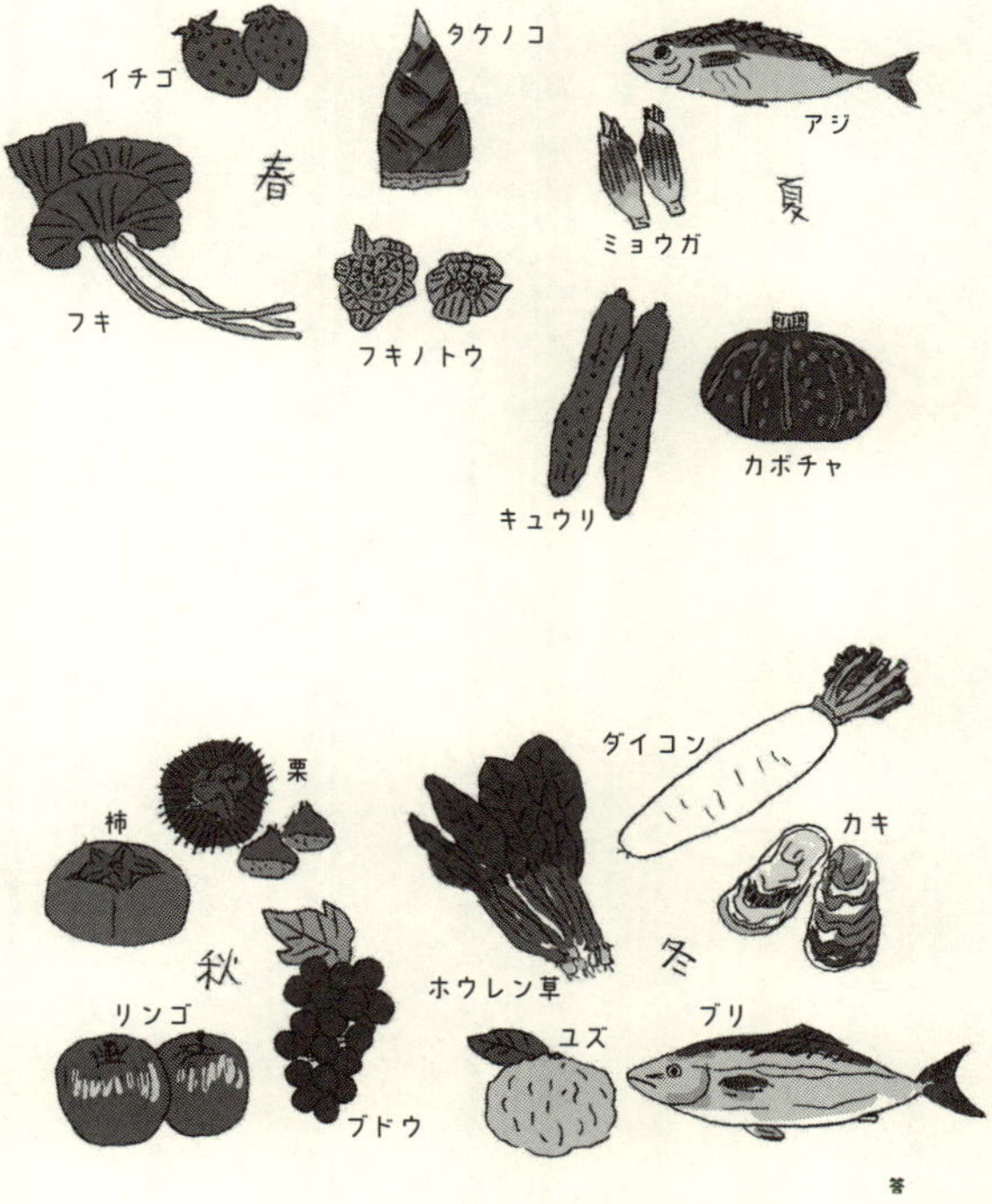
イチゴ
タケノコ
アジ
春
フキ
ミョウガ
夏
フキノトウ
キュウリ
カボチャ
栗
柿
ダイコン
カキ
秋
冬
ホウレン草
リンゴ
ユズ
ブリ
ブドウ

一方、小学4~6年生への調査によれば、サツマイモ・イチゴなどの正解率は高いが、カボチャ・ホウレン草・カブなどとなると正解率は30%に満たない。

食品の数は膨大にあるから、それぞれの旬を当てるとなると、かなり難しいだろう。それだけ、私たちの周辺は、季節はずれの食べ物があふれている。

食のプロへのアンケート結果でも、食材の旬の感覚が希薄になっているという回答は72・6%にもなる。

しかし、旬を知るということは、本当においしいもの、体にいいものを知るということでもあるのだ。

20 旬でないときのホウレン草の栄養価は旬であるときの3分の1

ホウレン草やキュウリは一年中出回っているが、本来ホウレン草は冬場のもの、キュウリは夏場のものだ。しかし現在は、ハウスを使った促成栽培や、栽培技術の発達で、本来の旬の季節でない時期にも出回るようになった。

ところが旬でないときの野菜は、ビタミンの含有率が少なくなる。冬場のホウレン草は100gあたり60mgのビタミンCがあるのに、夏場のホウレン草は20mgと3分の1だ。同じように、キュウリは7月の露地物だと22mgあるのに、1月のハウス物だと9mgと半分以下になる。レタスは8月の露地物だと8mgだが、2月のハウス物だと4mg。トマトは7月の露地物が21mg、1月のハウス物だと15mgになる。

いずれの野菜も、年中スーパーの店頭に並んではいるが、おいしく、また栄養価の高いものが安く手に入るのは旬に限る。

21 食品ロスは年間646万トン。一人当たり毎日茶碗1杯分を捨てている

日本国内で食品が廃棄されるのは年間2842万トン。

このうち、まだ食べられるのに廃棄される「食品ロス」と言われる食べ物は646万トン。毎日10tトラック1770台分を捨てていることになる。国民一人当たりに換算すると毎日〝お茶碗約1杯分（約139g）〟になる。これは、世界中で飢餓に苦しむ人々に向けた食糧援助量（2014年で年間約320万トン）の約2倍にもなるという。

食品廃棄の年間2842万トンのうち、食品事業者関係から出るのは2010万トン。家庭から出る食品廃棄物は832万トン。食品ロス646万トンのうち、食品事業者から出る食品規格外品、返品、売れ残り、食べ残しは357万トン。一般家庭から出る食べ残し、果物や野菜の皮などの過剰除去、直接廃棄は289万トンある。

ちなみに世界での食料廃棄量は年間約13億トン。生産された食料のおよそ3分の1を廃棄しているという。(国連食糧農業機関（ＦＡＯ）「世界の食料ロスと食料廃棄（２０１１年)」)

「食品ロス」は世界中で問題になっている。２０１５年9月国際連合で採択されたＳＤＧs（Sustainable Development Goals：「持続可能な開発目標」）にも掲げられ、２０３０年までに世界全体の一人当たりの食料の廃棄を半減させることが盛り込まれている。

２０１７年の世界の人口は約75億人、２０５０年では約97億人になると推定され、食料の供給は、今後、今以上に重要な取り組み課題となる。

食品ロスに関して、さまざまな負担があることも指摘されている。食料の家計における消費支出は4分の1を占めることから、節約すれば家計負担が減る。市町村や特別地方公共団体が一般廃棄物の処理に要する経費は約2兆円／年。ということは、行政の財政負担が減ることにもつながる。このことから、国は食品ロスの削減のキャンペーンを展開。また企業、自治体、ＮＰＯ、ボランティアなどでも積極的な取り組みがはじまっている。

22 鳥獣害被害額は172億円。中心はシカ、イノシシ被害

山間地や農村で樹木や植林、農産物や畑などに大きな被害をもたらしているのは、野生の生き物たち。いちばんの被害をもたらしているのが、シカ、イノシシだ。シカは、山の樹木をかじったり、植林をした木の苗を食べてしまったり、道路に飛び出して、車にぶつかり事故になるなど、各地で大きな問題となっている。

イノシシは、農家の畑の作物を食べたり掘り起こしたり荒らしたり、ときには、一般の家の畑に出没をして野菜や果物を食べたりと、甚大な損害をもたらしている。

ほかにもサル、ハクビシン、クマ、カラスなど、さまざまな動物たちが、山々に畑に、ときに住宅街にも出没している。全国での被害は、2010年には239億円にものぼったことから、国としても対策が取られるようになり、各地でも、獣害対策にのりだしている。

銃猟免許や罠の講習会などを始め、獣害対策のセミナーも開催されている。
これらのおかげで、少しずつ被害は減り始めている。それでも172億円（2016年）もの被害がでている。

これまで、捕獲をしたものを多くは埋めて処理をしていたが、最近、各地で盛んに進められるようになったのが、被害をもっとも多く与えているシカやイノシシをメインとして捕獲し、食として提供するジビエの取り組みだ。

野生の動物なので、不用意に処理をすると衛生上の問題があるとのことから、捕獲から処理までのマニュアルを作成して、衛生管理と処理を適切にして食として提供する動きが活発になっている。

というのもイノシシやシカは、そのままだとノミ、シラミがいたり、病気、けがなどで雑菌もあることから、衛生上のしっかりした対策が必要なのだ。またこれまでは、捕獲から放血、解体などのきちんとした基準がなかったことから、劣化や匂いがするなど、品質管理に問題があった。解体処理場の基準がなかったことで、安心安全な出荷体制がとられていなかった。売り先が確保されていなかったことから、持続的な取り組みにならなかったなどが課題としてあげられている。

そんななかでもしっかりした体制をとっているところのひとつに三重県がある。捕獲は、檻を中心に行われている。カメラでの監視ができるようになっていて、シカやイノシシが檻に入ると、スマートホンで捕獲の様子がわかる。免許をもった人が檻に行き、電気ショックで射止め、放血をして、すぐに冷凍車で処理場に運ぶ。そこで洗浄、解体、処理、パックにされる。それぞれの処理は、すべて別室で行われ、外部のホコリや汚れなどが室内に入らないようにして適切に処理される。

これらを県が認定をして、スーパー、レストランなどに販売され、一般の方に食べてもらうという体制がとられている。

とくにシカ肉はヘルシーということから女性に人気になっている。適切な処理をして出荷されるようになったことから、一般的なカレーやハンバーグといったものから、イタリアン、中華、フレンチまでと用途も広がり、ジビエの食の文化が少しずつだが、広まりつつある。

第3章
食の安全についてクライシスな7つの事実

現在、鶏は団地のようなところで飼育されている。大量生産できるように徹底的に管理されているのだ。牛も豚も野菜も工業製品のように画一化され、大量に栽培できる遺伝子組み換え作物も急増している。

こうした大量生産大量消費の論理のなかで、犠牲になっているのが「食の安全性」ではないだろうか。

23　日本の農家1戸当たりのタマゴを採る鶏飼育数は6万3000羽を超える

実は、卵の値段は戦後ほとんど変わっていない。

卵のMサイズは1キログラムで1955年で205円、50年後の2005年には204円、2017年は207円というのだからむしろ安くなっていると言ってもいい（一般社団法人日本養鶏協会統計）。

ここまで安くできるのは、1軒の農家でたくさんの鶏を飼育するからだ。1960年には、農家1軒当たり11・6羽しか飼育していなかった。ところが2018年には、農家1戸当たりの飼育数は6万3000羽となっている。

1960年には鶏の飼育農家は380万戸もあった。しかし2018年には、わずか2200戸だ。逆に飼育数は、全体で1億8195万羽と増えている。

変化したのは、1戸当たりの飼育数だけではない。鶏の種類も飼育方法も激変している。

1960年頃は日本で生まれ育った系列の鶏を「にわとり」の名前のとおり庭で育てていたことから、年間40個も卵を産めば、多いほうだったのだ。

今は、海外で品種改良された鶏が主だ。

365日、毎日卵を産む。鶏は親の本能がなく卵を温めない。しかも団地のような鶏舎で、カゴに一羽ずつ入れられ、コンピュータ管理されている。輸入したエサにビタミン剤などを入れ、いかに安く・早く・効率よく・たくさん卵を産むかに心血をそそいで飼育される。

鳥インフルエンザで大量の鶏が処分されるのは、大量飼育で伝染するのも早いからだ。

ちなみに肉を食する鶏（ブロイラー）を飼う農家は2260戸で、1戸当たり6万1000羽。全体で約1億3900万羽が飼われている。そして出荷されるのは、約6億8900万羽となる。

24 将来の食料供給に対して「不安だ」と答えた人は83％

日本の食料自給率は38％と低い。

そんななか、内閣府で２０１４年「食料の供給に関する特別世論調査」が実施された。これは20歳以上の人を対象にした、わが国の食料供給に対するイメージ調査である。

「自給率が低い」と答えた人は、69・４％。「妥当な数値である」と答えた人は15・９％。「自給率が高い」と考えている人は５・１％であった。

この調査は２０１０年にも行われていて、「低い」と答えた人は以前と比べて５・６％下がり、妥当と考えている人は５・９％上がっている。

自給率を高めるべきと考えている人は80・６％、高める必要はないというのは13・０％という結果であった。自給率が妥当、あるいは高い、また高める必要はないと答えた人は、推測ながら、今、私たちの日常に食があふれていて、今のところ自分に不自由ないという状況があるからなのだろう。

「食料の生産・供給の在り方に関する意識」では、外国産より高くても、食料は生産コストを引き下げながら、できるかぎり国内で作るほうがよい、と答えたのは53・8％。外国産より高くても、少なくとも米などの基本食料については、生産コストを引き下げながら国内で作るほうがよい、と答えたのが37・8％となっていて、２０１０年の調査より国産を望む声がアップしている。一方、外国産のほうが安い食料については輸入するほうがよい、と答えたのは５・１％で、前回調査より下がっている。

食料供給については、不安があるというのは83・0％。不安はないは15・7％で、多くの人が不安に思っていることがわかる。不安と答えた人の理由を尋ねたものでは、我が国の農地面積の減少や農業者の高齢化、農業技術水準の停滞などにより、国内生産による食料供給能力が低下するおそれがあるため、が82・４％。

世界的な異常気象や災害、地球温暖化や砂漠化の進行などにより、国内外における不作の可能性や食料増産の限界があるため、が61・5%。国際情勢の変化により、食料や石油などの生産資材の輸入が大きく減ったり、止まったりする可能性があるため、が52・5%。世界の人口の増加や、途上国の経済成長に伴う穀物や畜産物の消費の増大などにより、食料に対する需要が大幅に増加するため、が32・6%。となっている。

食料自給力向上の必要性では、必要であるというのは95・6%。必要ではないは2・2%。多くの人が食料の自国での生産を望んでいることがわかる。

具体策としては、耕作放棄地の発生を防止・解消して、農地を確保し、その有効利用を図る56・2%。新規就農者を増やし、その定着を図る56・1%。個人経営や法人など、多様な農業の担い手を育成する54・7%。効率的で安定的な収穫が見込める栽培技術など、新技術の開発・導入・普及を進める、が48・3%となっている。

25　遺伝子組み換え作物は24カ国で栽培されている。トップはアメリカ

世界で１億８０００万ヘクタール（日本の農地の40倍）に遺伝子組み換え（ＧＭ＝Genetically Modified Orgasnisms）作物が栽培されている。

いちばん多いのは、アメリカで７５００万ヘクタール、ついでブラジルの５０２０万ヘクタール、アルゼンチン２３６０万ヘクタール、カナダの１３１０万ヘクタール、インドの１１４０万ヘクタールとなっている。そのあとに、パラグアイ、パキスタン、中国、南アフリカ、ボリビアなどとなっている。上位５か国が圧倒的に占めており、とくに多いのがアメリカだ。

ＥＵ諸国をみると、スペイン、ポルトガル、チェコ、ルーマニア、スロバキアのみ。しかもほとんど栽培されておらず、全体をあわせても０・１％にもならない。これは、ＥＵ

の国で、反対運動も起こっているからだ。
農産物の多くは、トウモロコシ、大豆、綿、ナタネなどだ。遺伝子組み換え作物の多くは、病害虫や雑草対策に使われている。トウモロコシや大豆で、雑草対策のため除草薬に強い農作物を開発して、薬をまいても雑草は除去されるが作物が残るというもの。また害虫が食べると虫が死ぬように遺伝子組み換えで作物を作ったものが主流を占めている。
このため種と薬品がセットで販売されることから、健康被害が危惧されていること、企業の専有化・大型化することで、もともと地域にあった在来の種が守れないこと、同じ薬品を使っているうちに耐性のできる雑草が生まれ、さらに強力な薬品が必要になるということ、生物多様性が失われること、などが懸念されている。このため国際条約が結ばれ、国内で調査・研究がされている。日本で安全性が確認され、販売・流通が認められているのは、食品8作物（169品種）、添加物7種類（15品目）。（2012年3月現在）
アメリカ国内でも反対運動が起こっている。GM製品が一般から危惧されていることから、大手メーカーでも、有機農産物に商品の原料を変えて販売をしたり、きちんと履歴を明示する動きも生まれている。また、一方で、有機農産物の需要が高まっているともいわれている。

作物の多くが飼料用として使われ、日本にも多くが輸入されている。国内で認可されているのは、大豆、とうもろこし、ばれいしょ、菜種、綿実、アルファルファ、てん菜、パパイヤ（大豆は、枝豆及び大豆もやしを含む）８作物。これを原材料とし、豆腐、納豆、コンスターチ、ポップコーン、ポテトスナック、大豆油など加工用の33品目。

これまで「ＧＭでない」と表示していたものはＧＭ混合５％以下なら認可されていたが、今後はＧＭが検出されない場合にのみ表示をされることとなっている。ただし混入が５％以下なら、業者の判断で「できる限りＧＭの混入を減らしています」の表示ができるという。

一方、しょうゆや食用油には表示義務がないため、現在ほぼすべての商品にＧＭ原料が使われている。

26 食品添加物は819種類のものがあらゆる場面で使われている

食品添加物の可否が多くの書籍、雑誌でとりあげられている。最近は、メーカーの商品名を特定して、名指しで体によくないと指摘するケースが圧倒的に増えた。また、医者が出す本でも、食品添加物の多い食品は避けるように忠告されている。添加物には、指定添加物（454品目）という厚生労働大臣が指定した添加物で化学的なもの、一部、天然のものが含まれるもの。それにこれまで長く使われてきた既存添加物（365品目）がある。これらの添加物は保存、粘着剤、漂白、着色、防カビ、甘味料など、さまざまな用途で使われている。

認可されたものは微量で人に影響がないとして使用が認められている。また毎年食品添加物のモニター検査を行い公表もしている。しかし、発がん性、味覚障害など、人体に影響がある、あるいは疑われるものも使われている。微量だから許可されているわけだが、問題は、それだけではない。
市販の廉価なもの。ジュース類、カップ麺、菓子類などは、多くの砂糖、油脂分、食塩などが含まれていて、これらを頻繁に食すると、肥満、糖尿病、高血圧などの生活習慣病の要因になることは、あきらかになっている。

こまったことに、多くの添加物を使った食品のなかには、素材がよくわからないというものが少なくない。例えば、安いソーセージ、ウインナーといった練り製品。肉、魚などの素材がいろいろと入っていて、それに着色料、粘着剤、保存料など、多くの添加物が使われている。味わってみると味付けが強いものが多い。あるいは、清涼飲料水やヨーグルトなどにも、砂糖や甘味料、着色料が強くでていて、表記されている果物などの味わいに似せたものになっていたりもする。そもそも本来の、果物、あるいは、肉や魚の味わいがしないものもかなり多い。子供たちが食べると味覚の発達を妨げることになる。

味覚は、舌だけではなく、視覚、香り、聴覚、触感など五感で味わうもの。五感が、人の感性や個性を育む。添加物の多いものは味覚を育てる力を阻害する。その意味でも、着色料、甘味料など人工的な添加物の多いものは子供たちから遠ざけるべきだろう。

27 ネオニコチノイド系殺虫剤がミツバチを死滅に追いやる

ネオニコチノイド（浸透性農薬）とは、有効成分が、根や葉、茎、実など植物の表面から植物体内に吸収され全体に行き渡る農薬のことで、農業の現場で広く使用されている。特に有名なのは国内では稲作のカメムシ防除だ。日本が開発に大きく貢献した殺虫剤。1991年から使われ始めた。林業では松枯れ対策のマツクイムシ防除をはじめ、ガーデニング、シロアリ駆除、ペットのノミとり、家庭用の殺虫剤に使われている。ところが、この農薬がミツバチの機能を狂わせ、死滅に追いやるという恐れが各地で報告され始めた。ミツバチが死滅すると果樹類、花など受粉ができないことから農業被害も大きい。

国際自然保護連合（IUCN）に助言する「浸透性農薬タスクフォース（TFSP）」が生物学者のマルテン・ベイレフェルト・ヴァン・レクスモンド博士の呼び掛けで結成さ

れ、4大陸、15カ国、科学者53人のプロジェクトが850を超える学術論文を検討し、ミツバチを始め、ほかの昆虫、生態系、多くの生き物に神経毒の影響を与え、将来にわたり生物多様性に著しい悪影響を及ぼすと発表している。

欧州連合（EU）ではすでに2013年末から、ミツバチが集まる作物や穀物への使用禁止、農地以外の家庭菜園には使用禁止などを内容とするネオニコチノイド3種（クロチアニジン、イミダクロプリド、チアメトキサム）とフィプロニルの使用禁止や使用規制が始まっている。フランスでは2018年から全面禁止になっている。

日本は残留基準がEU、米国よりはるかに高く、果実を食べた人にも影響を与えていることも紹介されている。しかし、国際的に見ると、まだ部分的な制約や禁止しかされておらず、決定的な規制にはなっていない。日本ではまだ使用されているばかりか、ホウレン草、カブなど残留基準値が緩和されたものさえある。

これらの農薬は人には影響がないと言われてきたが、日本人の研究者が、胎児・小児の神経発達に影響を与えることを指摘した。ネオニコチノイドはニコチンと同じような要素を持っているのである。

28 農協の数は戦後1950年1万3314から2018年には646に激減している

農業といえば、農業協同組合（JA）がよくマスコミで取り上げられる。農業の中心は農協と思われている。ところが、農協の数は戦後1950年1万3314もあったものが、2018年646しかない。なんと20分の1にまで激減している。

理由はいくつかあって、一つは、市町村の合併。1953年、市町村は9863あった。そののち市町村の合併が何度となくあり、2014年には1718にまでなっている。また農協自体も合併が相次ぎ、経営上思わしくなく破綻をしたところもあり、どんどん数が少なくなっていっている。

逆に合併をせずに、その農協独自の路線で注目されているところもある。高知県の山間地・馬路村農業協同組合。ゆずポン酢、ごっくん馬路村を始め、柚子製品で知られる。大分県日田市の、こちらも山間地にある大分大山農業協同組合。キノコ、梅など、山間地でできるものを品目をしぼり、農家レストラン、加工所、直売所を作り集客をしている。２つの農協に共通しているのは、自ら営業を行い、自分たちの農産品を欲しい店舗と消費者に直接届けていること。また共感をもった人を村に迎え入れていること。村の景観を大切にし環境に配慮をしていることがあげられる。

一方、農協が激減していくなかで、新たな法人が続々と生まれてきた。農業法人、有限会社、株式会社などだ。農家が集まり自分たちで会社を作り自ら営業を行ってきたところ。あるいは企業が参入をしてきたものだ。

２００５年８７００だった法人は、２０１５年１万８８５７にもなっている。数では、はるかにＪＡの数を上回っている。

この法人のなかには農家が集まり法人化をして、直接、自らが営業をして売り先を開拓。そのことで農家所得を安定させ、雇用につなぐという形態のものがいくつも生まれている。三重県の「伊賀の里　モクモク手づくりファーム」、石川県の「株式会社六星」、群馬県の「野菜くらぶ」など、力のあるところがいくつも生まれている。

29 海に流れ込むプラスチックは年間800万トン

海岸や砂浜に打ち上げられるペットボトル、ビニール、レジ袋、漁業の網、空き缶を始めさまざまな漂流物を、浜辺に行った人なら、目撃した人は多いだろう。プラスチックがさらに細かくなったものをマイクロプラスチック（5ミリ以下）と呼んでいる。

プラスチック製品が海に漂流し、海の生き物に大きな影響を与えている。プラスチックやビニールなどを食べて死亡し漂着したクジラ、ビニール袋が絡みついた野鳥、レジ袋が胃につまり死んだ鳥、漁業の網がからみついて死んだ亀など、海の生物に甚大な影響を与えている。さらにマイクロプラスチックが微細になり魚の体内に紛れ込むことも指摘されている。

化石燃料からプラスチックが生まれたのは1950年代。急激に増え始め今では年間

4億5000万トン（2015年）を生産。そのなかで年間で800万トンが海に流れこむという。

国では北海道から沖縄まで10か所で海域のプラスチックを含む漂流ごみの調査を実施している。そのなかで、もっとも多かったのは、漁具、プラスチック、ペットボトル、発泡スチロールだった。このうちペットボトルを調べたところ、奄美では外国製の割合が8割以上あった。対馬、種子島、串本、五島では外国製が4〜6割。根室、函館、国東では日本製が5〜7割もあったという。

外国からで多くを占めていたのが中国のものだ。次いで韓国からとなっている。漂着ごみの推計では、およそ31万トンから58万トンにもなるといわれている。

陸上から海洋に流出したプラスチックごみ発生量（2010年推計）ランキングというのがある（Plastic waste inputs from land into the ocean　2015・Feb・Science）。海岸から50㎞以内に居住している人々によって不適正処理されたプラスチックごみの推計量（2010年）のランキングだ。

1位中国353万t／年。2位インドネシア129万t／年。3位フィリピン75万t／年。4位ベトナム73万t／年。5位スリランカ64万t／年。そして、20位アメリカ11万t／年。

30位が日本。下位とはいえ年間6万トンもある。

環境省の海洋ごみの実態把握調査（マイクロプラスチックの調査）では、日本周辺海域（東アジア）では、北太平洋の16倍、世界の海の27倍のマイクロプラスチック（個数）が見つかったという。

このままでは、将来の海洋汚染は深刻になるばかりか、多くの生態系にも影響を及ぼす。そのことから、国を超えての協議や規制が始まっている。

スーパーマーケット、生協・農協、ドラッグストアのレジ袋有料化の取り組みが進められている。スターバックスは、2020年までに使い捨てストローを廃止する方向。マクドナルドは英国とアイルランドでストローを紙製にする。練り歯磨きや洗顔料に使われるマイクロビーズ（0・001㎜～0・1㎜）のスクラブ剤を花王、コーセーは自然由来のものに切り替えたという。

また企業では、新たな素材で微生物分解ができる商品の開発も進んでいる。

EUでは、プラスチック製のレジ袋、ストローなどの使用禁止・抑制の方針を提案。主要7か国首脳会議では「海洋プラスチック憲章」が採択され、すべてのプラスチックを再利用、回収をする方針を掲げている。

私たちも身近なところから、リサイクルやレジ袋を使わないなどの取り組みを始めなければならない。

第4章
食料自給率についてクライシスな18の事実

　私たちの食べている食べ物は、半分以上が輸入品だ。パンやうどん、ラーメンの原料の小麦、豆腐やしょうゆ、食用油の原料となる大豆は、その代表。あるいは鶏・牛・豚を例にとれば、国産でも、そのエサの多くはアメリカやカナダから輸入している。

　もし、海外で戦争がおこったら？　災害で農産物がとれなかったら？

　明日も今日と同じだけの食べ物があるとは限らない。

30 日本の農産物の純輸入額は669億ドルで世界1位

日本人が食べている食物の6割が海外のものだ。

農産物の輸入額から輸出額を差し引いた純輸入額で見ていくと世界1位で669億ドル。日本円で約7兆400億円になる（2015年）。2位は中国の632億ドルで日本に迫る勢い、イギリスの315億ドル、ロシアの240億ドル、韓国198億ドルと続く。いかに日本が多くの食料を輸入しているかがわかるだろう。

日本の輸入食料のなかでも、金額的に大きなウエイトを占めているのがトウモロコシだ。世界の総輸入額111億ドルのうち21・7%を輸入し、国別の世界1位。輸入したトウモロコシの多くは豚、鶏、牛などのエサに用いられる。

また、豚肉は世界の総輸入額50億ドルのうち77・2％を占めており世界1位。牛肉は117億ドルのうち18・7％を占めて世界2位（1位はアメリカ23％）。

これらの数字を見ていくと、日本人の食生活がかつての穀類、野菜、魚が中心のものから、肉類中心のそれに変化しつつあることがわかると同時に、さまざまな工業製品や電気製品などの輸出の代償に、食料を多く輸入しているということもいえそうだ。

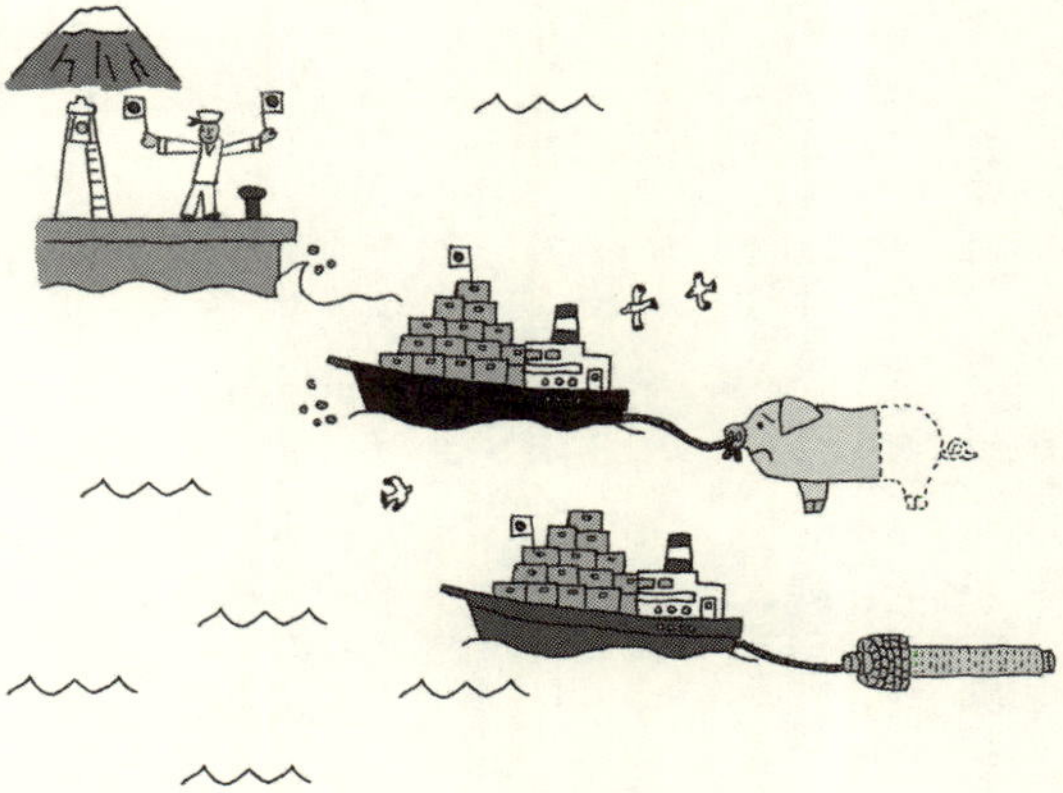

31 もし食料輸入が止まったら、卵は15日に1個、肉は10日に1食

もし戦争やかんばつ、経済事情などで食料の輸入がストップしたらどうなるか？　そんな事態を想定して、国が「不測時の食料安全保障マニュアル」というものを作っている。これによると農作物をイモ類の生産に転換したり、食料を配給制にしたり、物価統制をすれば、1人1日当たり1890〜2030キロカロリーとして、最低限必要なカロリーの供給は可能と試算している。

しかし、こうなると食生活はがらりとかわる。昭和14年〜20年代、つまり戦中戦後の食料難といわれた時代と同じになりかねない。

農水省では、米・小麦、大豆中心、イモ類中心で、それぞれ栄養バランスを考慮したものと、そうでないものと4パターンのメニューイメージを作成している。

例えば、米・小麦・大豆中心で栄養バランス考慮の場合。１４７８キロカロリーで計算すると、朝食は、ご飯軽めに1杯、豆腐2分の1丁。浅漬け2皿。昼は素うどん1杯、サラダ2皿、リンゴ5分の1個。夕食は、ご飯軽めに1杯、焼き魚1切れ、野菜炒め2皿。

その他の食べ物は、牛乳は5日にコップ1杯、卵は15日に1個、肉も10日に1皿となる。鶏や牛のエサはほとんどが輸入だから、国内で作れるのはごくわずか。したがって、肉や牛乳、卵があまり食べられなくなる。

納豆の原料の大豆、うどんの原料の小麦も現在はほとんど輸入だから、国産でまかなうと納豆は3日に1パック、うどんは3日に1杯しか食べられない。みそ汁も2日に1杯だ。

しかも、これは割り当てや配給が前提。自由に好きなものを食べるわけにはいかない。

32　1300万人を超える人が生活する東京都の食料自給率は1％

全国、そして世界中からの食べ物がいちばん多く持ち込まれている都市は東京だろう。人口が1383万人という大都市東京都の食料自給率はわずか1％しかない。つまり99％の食料が外部から持ち込まれたものなのだ。

東京から農業が完全になくなったわけではない。現在でも1万1224戸の農家がある。あるにはあるが、土地も農産物の販売額もきわめて小規模なところが多い。

東京都には、終戦直後には約6万戸の農家があった。しかし農業より宅地、商業地を優先した政策がとられたこともあって農家は激減した。とくに東京が著しく変化したのが1964年の東京オリンピック以降である。

その後、バブル期の土地の異常な急騰によって農地ばかりか、湿地、里山、雑木林などが次々に失われた。一方で人口が激増し、自給率はますます低下することになった。

ちなみに、他の府県で自給率が低いのは、大阪1％、神奈川2％、愛知12％、京都12％、福岡19％となっている。

逆に一番多いのは秋田で192％。次いで北海道185％、山形139％、青森120％、新潟112％（いずれもカロリーベース）。

もし食料輸入が途絶えたら、まっさきに都市が危機に陥る。BSEでアメリカからの輸入牛肉が途絶え、牛丼の吉野家がたちまち窮地に陥ったのは、東京の食をもっとも端的に象徴するできごとだろう。都市での農業をもっと制度的に見直さないと、食の環境はますますゆがんでいくにちがいない。

33　納豆、しょうゆ、豆腐、みその原料、大豆の自給率は7％

納豆、豆腐、しょうゆ、みそといえば、もっとも日本的な食べ物のイメージがある。ところが、これらの原料である大豆の生産は国内ではごくわずか。自給率は7％（2016年）しかない。ほとんどは輸入なのだ。

日本国内では年間約530万トンの大豆が使われる。しかし国産大豆の生産量は23万トンしかない。国民一人当たりの供給量に換算すると1年で6・7キログラム、1日18・3グラムだ。大豆製品のなかで、もっとも大豆の使用が多いのは大豆油。油には100％輸入大豆が使われる。しょうゆは油を絞った後の脱脂大豆を原料にしているものがほとんどだ。練り物の添加物としても脱脂大豆が使われる。最近、健康にいいと人気の納豆や豆腐や豆乳にも、輸入大豆が使われている。主な輸入先はアメリカだ。

現在、国産の大豆はほぼ全量が豆腐、油揚げ、納豆、煮豆などの食料用として使われる。「国産大豆使用」と表示された豆腐や納豆以外は、海外で生産された大豆を原料としているものだといってもいいだろう。

和食の朝ご飯といえば、ご飯、納豆、豆腐、卵焼き、海苔、みそ汁、シャケの切り身、といったものをイメージする。しかし、純和風のはずの朝食も、厳密に原料から中身を吟味していくと、本当の日本食はご飯だけということも十分ありえるのが実情だ。

34　日本で食べられている野菜の5分の1は海外からの輸入

野菜は体に必要なビタミンCを始め、カロテン、食物繊維、鉄や亜鉛などの微量栄養素を含む、とても大切な食べ物だ。ところが野菜は毎年国内の生産量が減っていて、そのかわりに輸入野菜が増えている。輸入野菜は1970年に9万8000トンだったものが、2004年には305万1000トンに増大した。

野菜の国内生産は1970年に1513万1000トンだったものが、2004年は1228万6000トンに激減。野菜は全体の5分の1が輸入で占められるようになった。

輸入野菜は、ネギ、シイタケ、ブロッコリーなど、スーパーにも出回っているが、外食産業や加工品で多く使われている。輸入野菜の内訳は、ピーマンやトマトなどの果菜類が

45％、ネギ、ブロッコリーやアスパラガスなどの葉茎菜類が35％、ゴボウ、ダイコン、カブなどの根菜類が20％。安い輸入野菜の増加は、農家の経営にも影響を与えている。

一方で、野菜の購入量は年々下がっている。１９８０年には1世帯あたり年間２４３kgだったのが、２００４年には１７５kgと、28％も減ってしまった。

食物繊維やビタミン不足に加え、加工品やインスタントなどの簡易な食生活の影響もあって、便秘などの体の不調が増加している背景を考えると、このような状況を見逃してはならないことがわかるだろう。

35 「日本の文化」、そばの自給率は24%

「そばのイメージは?」との質問に、「日本の文化」と答えた人は東京で70%にものぼる。年越しそばを毎年食べるという人が80%もいるのだから、それだけそばというのは、日本人になじみの食べ物なのだ。

しかし、そんなそばが現在ほとんど輸入に頼っている状況にあることを知っていただろうか?

明治の末に国内で生産されていたそばは、15万トンから17万トンあったという。しかし現在の日本では、1年間で約14万トンのそばが消費され、そのうちの国産は3~4万トン。ほとんどを輸入に頼っている。

主な輸入先は中国で約8割を占める。そばの原産地がもともと中国だったことを考えるとうなずけるのだが、ほかにカナダ・ロシア・アメリカ・オーストラリア、最近はミャンマーなどからも輸入されている。

たとえば「月見とろろそば」を見てみよう。そばはもちろん、つなぎの小麦、そばつゆに使うしょうゆの原料の大豆、卵の親の鶏のエサ、それらはほとんど輸入だ。となると、出し汁や具がわずかに国産というわけで、「月見とろろそば」は3分の1だけが日本食。実は限りなく輸入品だということになってしまう。

36 パンやうどんの原料、小麦の自給率は12％

私たちが主食としている食べ物で、もっともなじみが深く日常的に食べているものといえば米。そして、米と同じくらいによく食べるのが小麦である。

小麦から作られるパン・パスタ・うどん・中華麺と並べてみれば、ほとんどの人が毎日どれかを食べているだろう。その総需要量は６４１万トンにものぼるという。

ところが小麦の自給率はわずか12％しかない。それ以外は海外からの輸入で、一番の輸入先はアメリカで43％にもなる。ついでカナダ17％、オーストラリア17％である。

海外では広大な農地で小麦が栽培されている。日本でも米の減反のための転作作物として、小麦栽培が奨励されているが、輸入小麦に比べて値段が高い、パンの原料としてはふくらみが足りないなどといった課題もある。しかし小麦の栽培は各地で進められており、徐々にだが生産は伸びている。

37　よく使われる塩は自給率12％でほとんどが輸入

体のなかで体液と細胞の浸透圧の調整をしたり、血液や胃液の成分になったり、胃や腸の消化や殺菌作用の働きを助けたり、神経の伝達作用を助けたりと、大きな役割を担っている塩は、私たちにとってなくてはならないものだ。塩は体内で作ることができないので、必ず塩分の補給が必要になる。

牛も馬も豚も鶏も、餌と一緒に塩を食べさせている。牛小屋に行ったことのある人なら見たことがあるかもしれないが、大きな塩の塊がおいてあり、牛が舐めて食べられるようになっているのだ。

一方で塩分の採り過ぎは高血圧につながるとして、塩分の摂取を控えるように厚生労働省では指導をしている。採り過ぎになる原因は、日常の食品、パン、菓子、カップ麺などさまざまなものに塩が入っており、知らず知らずに塩分過多になってしまうこと、加えて運動量が少なく、塩を外部に排出することが少なくなっているなどの要因があげられる。

とにもかくにも大切な塩だが、日本の自給率は12%しかない。海に囲まれた日本。さぞや潤沢に塩があると思いきや、海外から700万トンを輸入している。輸入先はメキシコ、オーストラリアなどから。2つの国には、広大な塩田がある。

日本の塩の消費量は年間800万トン。

食用として使われるのは95万トンで12%。除雪や家畜用に使われるのが100万トンで13%。一番多いのが意外にも工業用である。ソーダ工業で使われる塩が594万トンで75%を占めている。

主な用途は、アルミニウム鉱石やボーキサイトの溶解、石鹸・洗剤の材料、紙を作るためにパルプを溶かしたり漂白したり、濃い塩水で道路の凍結を防いだり、水道の消毒、ガラス製品や塩化ビニールの原料など、さまざまな場面で使われている。

38　食パン、オムレツ、サラダ、紅茶…。洋食の朝ご飯の自給率は13％

1日の献立を食料自給率に直してみよう。

あくまでも試算だが、「ご飯、みそ汁、アジの干物、おひたし」の和食の朝ご飯は自給率85％となる。みその原料の大豆はほとんど輸入。アジも最近は海外のものが多い。

「食パン、オムレツ、サラダ、紅茶」の洋食だとなんと自給率13％。パンの小麦、紅茶はほとんど海外のものだ。オムレツの卵は鶏のエサを海外に頼っている。

お昼ご飯は和食「ちらし寿司、すまし汁」だと90％。寿司のマグロ、エビなどはおおかたが輸入である。洋食「スパゲティボンゴレ、ブロッコリーのサラダ」だと6％。スパゲティは輸入である。ブロッコリーも輸入が多い。お昼を中華料理の「ラーメン、餃子」ですますと、なんと7％となる。麺の原料の小麦は海外のものだ。

和食の晩ご飯「ご飯、すまし汁（豆腐、シイタケ）、アジの塩焼き、ジャガイモの炒め煮、青菜のごまあえ」は自給率70％。豆腐の原料の大豆が輸入だ。シイタケも海外のものが多い。「カレーライス、トマトのサラダ」だと47％。ルーや肉には海外のものが多く使われる。洋食は圧倒的に輸入が多い。

いずれにせよ、私たちの日常の食べ物がいかに海外に依存しているかがわかる。もし海外で戦争やかんばつ、不作などがあれば、私たちの食は明日にも危うくなるかもしれないのである。

39　日本の農地では、必要なカロリーの38％しか生産できない

２０１７年の日本の耕地面積は４４４万４０００ヘクタール、このうち田んぼ２４１万８０００ヘクタール、畑は２０２万６０００ヘクタールである。田んぼの耕地面積は前年より１万４０００ヘクタール減少している。畑の耕地面積も前年に比べ１万３０００ヘクタール減っている。１９５６年には６０１万ヘクタールの農地があったので、１５６万７０００ヘクタールも減ったこととなる。しかし、これでは国民が必要なカロリーの約38％しか生産できない。国内の農地では、まったく足りないのだ。しかも農地のすべてが使われているわけではない。

海外から輸入される農作物を農地面積に換算すると、合計１２００万ヘクタールとなる。実に国内の2・5倍の農地が、日本人のために海外で耕作されているのだ。

農林水産省は、食料自給率低下の原因として「食生活の大きな変化」を取り上げ、畜産物や油脂類の需要が増えたために、狭い日本の国土では対応できなかったとしている。

しかし、日本古来の多様な作物や畜産、地域の産物を生かす循環型農業を放棄して、米を中心に欧米型の大型農業政策を推進して失敗したこと、農作物の付加価値向上に力を入れることを怠ったことも大きな原因ともいえる。さらに1970年の万国博覧会を契機に、ファストフードが企業の論理で食を侵してきた事実も忘れてはならない。

日本のかつての循環型農業は現在、韓国やキューバなどの海外で見直されている。また国内でも、小さな畑や田んぼでの農作物を地域に循環させる農業が見直されつつある。

40　日本人1人1年間に6kg以上食べる牛肉の自給率は38%

スーパーで牛肉を見ると、海外からの輸入肉がかなり多い。外食チェーンやファストフード店などでも、輸入肉がかなり使われている。だからBSE（牛海綿状脳症・通称〝狂牛病〟）が発見され輸入が止まると、外食店のメニューが少なくなって大混乱となるわけだ。

1960年には、牛肉の自給率は98%もあった。それが2016年には、自給率38%となってしまっている。これには、食生活の変化も大いにかかわっている。

1960年当時、牛肉の年間消費量は、1人当たり1・1キログラム。つまり、日本人はほとんど牛肉を食べていなかった。その他の鶏肉、豚肉をあわせても年間消費量は3キログラム。それが2017年には、牛肉の年間消費量が6・3キログラム、他の肉類を加えると年間32・7キログラムも消費している。

日本人の食生活が大きく変化したのは大阪万博が開かれた１９７０年以降だ。この頃から、輸入規制が緩和され、輸入農産物を扱う商社や企業がファストフードや外食産業を手がけ、日本人の食生活が急速に洋食化し、同時に肉類の消費も拡大した。

ＢＳＥで肉が食べられないと大騒ぎする前に、日本人は40年前にもっと食べていた魚や、海草や、穀類などを見直してみたらどうだろう。それが、長寿世界一を生み出した日本食の原点なのだから。

41 輸入の牛乳の価格が安く、酪農が成立しなくなっている

学校給食に必ず添えられている牛乳は、私たちにとってなじみぶかい飲み物だ。チーズや生クリーム、ヨーグルト、バターなど、牛乳からは私たちの身近な食品がたくさん生まれている。そんな牛乳を作る牛を飼う農家を酪農家という。酪農家は1960年41万4000戸もあり、1戸当たりの飼育頭数はわずか2頭というものだったが、だんだん規模が大きい酪農家も増えていく。2000年には3万3600戸、52・5頭に、2018年には1万5700戸、飼育数は84・6頭にも増えた。飼育の経費でいちばんかかるのは、餌となる大豆、ふすま、小麦や牧草といった飼料だが、そのほとんどが輸入に頼っているため、餌の高騰が経営にも、ダイレクトに影響を与えている。

国内の牛乳生産は729万トン（北海道392万トン、都府県338万トン）。このうち、飲用牛乳向けは398万トン。乳製品向け生乳は317万トンあり、生クリームなどが

125万トン、チーズが42万トン、脱脂粉乳・バターなど150万トンあるが、輸入製品との競合にさらされている。生産コストより価格が低いために補給金が交付され、酪農家の経営安定をはかることがされている。牛乳・乳製品の自給率は年々減っていて2018年は自給率62％となっている。

輸入乳製品は500万トン。このうちチーズが348万トン、アイスクリームなどが65万トンある。チーズはフランス、イタリアなどから輸入され、多くが日本の食卓にも登場するようになった。

また餌の自給をはかるのと、アニマルウェルフェア（動物福祉）の観点から、放牧でストレスのない環境での飼育も進められている。代表的な放牧酪農家として、北海道の「しんむら牧場」、岩手県「なかほら牧場」、島根県「シックス・プロデュース」などがある。

さらに牧場にきてもらう「酪農体験ファーム」も増えてきており、2017年度には287牧場がある。こちらは岩手県「小岩井牧場」、千葉県「マザー牧場」、熊本県「阿蘇ミルク牧場」などが有名だ。

42　豚・牛・鶏の餌は自給率27％でほとんどを国外に頼っている

私たちが日常に食する豚肉、牛肉、鶏肉。豚、牛、鶏は国内でも飼われている。「国民1人・1年当たり供給純食料の推移」、つまり、私たちが年間で、どんなものを食べているのかという統計をみると、１９６５年、肉類は9・2kgだったものが、２０１６年には31・６kgと3倍以上にもなっている。一方、魚は、28・１kgから24・８kgと減っていて、肉類が圧倒的に増えている。

肉は多くが輸入されている。１９６５年、牛の自給率は95％、豚は１００％、鶏肉は97％だった。ところが自由化の波に押されて、２０１６年には牛肉は38％に、豚肉は50％に、鶏肉は65％まで激減している。

豚肉、牛肉、鶏肉など国産といわれているものも、餌はどうかというと、ほとんどが輸入に頼っている。餌の自給率は27％。

主要な餌として、とうもろこし、大麦、こうりゃん（イネ科の穀物）、小麦などがある。

輸入に占める割合は、とうもろこしはアメリカ71%、ブラジル24%。こうりゃんは、アルゼンチン56%、アメリカ44%。大麦はオーストラリア88%。小麦はアメリカ45%、オーストラリア31%となっている。

牛肉の自給率は38%だが、餌の自給率を勘案すると、自給率はわずか8%になってしまう。豚肉は自給率50%。だが餌をふくめると7%になる。鶏肉は65%だが、餌が輸入に頼っていることから、餌を考慮すると、13%になってしまう。

餌も円安、相場、不作、燃料用エタノール転換など、国際的な取引のなかでさまざまな事情で高騰をして、それが、経営に大きく響いている。このため、できるだけ、飼料も国産にと取り組まれているが、そう大きくは広がっていない。農業への手厚い体制をとらないと、日本の農業が守れない。

43 輸入食料の4分の1以上がアメリカに頼らざるをえない

日本は海外からの農産物を多く輸入している。日常目にし食べる食品の多くが海外のものだ。輸入先を見ると（2014年）、1位は米国で25・5%、次いで中国12・5%、オーストラリア6・6%、カナダ6・3%、タイ6・3%、ブラジル4・7%となっている。この6か国で農産物輸入額の6割以上を占める。2000年には、アメリカが37・7%も占めていた。日本への輸出がのびたのは、中国、カナダ、タイ、ブラジルなどだ。

アメリカが圧倒的なシェアをもっているのが、トウモロコシの84・3%、大豆の62・9%、小麦の50・9%、豚肉43・1%となっている。

トウモロコシの生産は、アメリカは世界トップ。日本に輸入されるトウモロコシの約65%が飼料用に使われる。牛、豚、鶏などの餌となる。次いでコーンインダストリー（コーンスターチ用＝デンプン）で約20%。これはプリン、パン、料理を始め、化粧品、お酒の発酵原料などに使われる。

大豆は、豆腐、納豆、油揚げ、味噌、豆乳、醤油などに使われている。

小麦は、小麦粉となり、パン、菓子、ケーキ、パスタ、てんぷら粉などとなる。

またアメリカから輸入が多いものにグレインソルガムがある。これは輸入のうちアルゼンチンが64・2％、次いでアメリカで35・4％。ほとんど2国で占めている。グレインソルガムはアフリカ原産のイネ科モロコシ属の一年草の穀物で「ソルガムきび」と呼ばれる。飼料のほか、パン、クッキーなどの食品として使われている。

ほかに多いのは、牛肉。日本に輸入される51・0％がカナダ、次いでアメリカで39・8％となっている。

大麦は、オーストラリア52・6％、カナダ26・7％、アメリカ12・7％となっている。ビール や、味噌、醤油などに使われる。

国内での供給量の輸入の割合をみてみると、小麦91・4％、トウモロコシ97％、大麦93・6％、大豆91・4％、豚肉49・8％、牛肉61・0％。

私たちが日常、直接、間接に食する多くのものが輸入に頼っているのがわかる。

44 日本人がよく食べるエビは86％が輸入品

日本は海に囲まれて海の幸豊かな国のはずだが、魚介類の自給率は56％しかない。自給率のピークは1964年で113％もあった。しかし自給率は年々下がり2016年には56％となってしまった。輸入している主な魚介類はエビ・マグロ・カジキ・鮭・マス・カニ・タラの卵・ウナギなどだ。

海外の魚がたくさん日本に持ち込まれるようになったのは、遠洋漁業が盛んになった1955年からだ。日本は大型の船を造り、遠くの海に進出し、多くの魚を日本に持ち帰った。しかし、1977年に200海里体制が設けられた。それぞれの国の漁業海域を決めることで資源を守るこの制度によって、日本は遠洋漁業から撤退せざるをえなくなった。

その後、商社による輸入が拡大して、全世界から安い魚が大量に入ってくるようになった。現在では日常食べる魚と加工用の魚をあわせると、その種類は200種類はあるだろうといわれている。

一方で、日本近海では魚の乱獲、沿岸の汚染なども加わり漁獲量は激減。漁業を仕事にする人そのものも少なくなってしまった。1991年には35万5000人いた漁業に携わる人は、2017年には10万人以上も減って25万2000人となった。60歳以上の高齢者比率は倍近くに増えて、全体の46・1%を占めている。

魚介類の中でも、日本人がよく食べるエビの自給率はとても低い。

寿司・フライ・天ぷら・カレー・かき揚げ・佃煮・エビ丼・エビチリ・エビ餃子・エビシューマイ・エビの昆布巻き・刺身・マリネ・エビチャーハン・エビあられなどたくさん身近な料理として登場する。焼きそば、持ち帰り弁当などにもよく使われるし、カップめんにもエビが入っている。

ところが、私たちが食べているエビのほとんどは輸入に頼っている。86%は輸入。自給率は、わずかに14%しかない。全世界でもっともエビを輸入しているのが日本、ついでアメリカだ。日本は世界一のエビ消費国である。世界のエビの3分の1を食べているとも言われる。エビの輸入量は25万トン。輸入相手国の内訳を見ると、タイ17%、ベトナム16%、インド14%となっている。中国やインドネシア、マレーシアなどからも輸入されている。

冷凍エビの輸入が自由化されたのは1960年。それから右肩上がりに輸入が増えている。そのなかで、タイで多くのマングローブを伐採してエビの養殖場を作ったために、環境破壊を招いたことは、広く報道された。

東南アジアでの養殖が有名で、店頭でよく見かけるのはクルマエビ科のブラックタイガー。寿司で使われるメキシコブラウン、天ぷらや焼き物に多いオーストラリアタイガーなど、さまざまな種類のエビが日本で使われている。

45 海の生き物が生息する藻場の環境が瀬戸内海は7割も激減

海で海藻が生い茂る場所を藻場という。普通は一般の人ではなかなか目に触れない場所だが、その藻場こそが海の環境を守っていることは実はあまりよく知られていない。水を浄化して酸素を供給したり、魚のえさ場になったり、稚魚を守ったり、魚の産卵場になったりなど、私たちの生命を支える海には欠かせないものだ。

ハゼ、オコゼ、メバル、カサゴ、カワハギ、マダイ、ドロメ、ヒイラギ、メジナ、アオリイカ、コウイカ類、トビウオ類、ニシン、ハタハタ、マハタ、サヨリなどなど、さまざまな魚が産卵の場所にしたり、棲み処にしたり、回遊したりと、海の生き物のよりどころとなっている。

ところが、その藻場が減っている。

１９７８年20・８万ヘクタールから２００７年には12・５万ヘクタールにまでなってしまったのだ。

顕著なのは瀬戸内海で、１９６０年から１９９０年に７割も減少してしまっている。

一方、海岸部の砂場や湿地などがある干潟も、１９４５年に８万ヘクタールが、１９９０年には５万１４４３ヘクタールにまでなっている。干潟に行かれた人ならわかるだろう。アサリ、マテガイなどの貝類がたくさん採れたり、カニがいたり、魚の餌となるゴカイがいたり、鳥がやってきたり、さまざまな生き物たちの生活の場になっている。

干潟は、多くが干拓されたり埋め立てられたり、護岸工事で整備されたり、沖合の砂を土木用で採取されたりで激減。多くの場所では、干潟にテトラポットが並ぶ光景も珍しくない。

ところが、干潟は、鳥や、小さな生き物の生息地になったり、津波災害の防除になったりと、さまざまな機能があることがわかり、藻場と干潟の保全を進める活動が各地で行われるようになった。

瀬戸内海における干潟面積は、１８９８年から１９４９年までの50年間に約１０００ha減少。その後、１９４９年から１９９０年までの40年間で約３５００ha減少したといわれる。保全活動で、少しは回復したものの、かつての環境回復にはとうてい届かない。

瀬戸内海に面する愛媛県の漁業関係者にうかがうと、漁獲量が全盛期の10分の１以下になっているとのこと。深刻な状況になっている。

藻場・干潟に生息する漁獲量推移をみてみると、１９８２年は約１０５万トン、２０１２年は約37万トンまで激減している。

顕著な例がアサリで、１９８３年16万トンが採れたものが、２０１２年には２万７０００トンまでに急減をしている。

藻場衰退を抱える都道府県は、１９００年は北海道、青森、千葉、神奈川、静岡、徳島、三重の7道県だったものが、１９８０年には23道府県に、２０１５年は34道府県とひろがり、海のある地域はほぼ藻場が衰退している。

国、各都道府県などでは、藻場・干潟の環境を保全するために、砂を新たに入れたり、人工的な漁礁（魚の棲み処）をつくり海に投じたり、流れつく漂着物の処理をしたりしている。学校、地元ボランティア、ＮＰＯなどのさまざまな地域活動も今、展開されている。

46 日本の漁獲量はピーク時の3分の1以下に激減

2008年の日本の漁業者は11万5000、2013年は9万4500、2017年は7万9000となっている。年々、減少傾向にある。7万9000のうち、個人経営が7万4470とほとんどを占め、団体での経営は少ない。

2016年の1経営体当たり漁労収入は916万円で、漁獲量が減少したことにより前年に比べて6・7％減少。これから、雇用労費、油代、減価償却費、販売手数料、修繕費、その他を差し引いての漁労所得は328万円となる。かなり所得は少ない。

漁業・養殖業の生産量の推移をみると2013年447・4万トン。このうち海面漁業（イワシ、サバ、サンマ、イカなど）は371・5万トンで、海面養殖業（カキ、ホタテ、マダイ、ブリ、クルマエビなど）99・7万トン、内水面漁・養殖業（サケ・マス・コイ・ウナギなど）6・1万トン。2017年は430・4万トン、海面漁業は325・8万トン、海面養殖業は98・5万万トン、内水面漁・養殖業は6・2万トンとなっている。

いちばんのピークは１９８４年で１２８２万トンあった。１９７７年２００海里の国際ルールで３７０キロメートル内は外国の船の立ち入りが規制されて、遠洋漁業の制限があったのも大きいが、沿岸の埋め立て、藻場、干潟の減少など環境の変化、乱獲などもあり、年々、減少し、今では３分の１以下になっている。

漁業就業者で、水産加工や、仕分けや搬送、販売などの陸上作業に携わる人は、１９９３年で32万４８８６名、２０１７年には、15万３４９０名にまで激減している。

全体での高齢化率は35・2％。こんななかで資源管理をしカジキマグロ、ソデイカなど魚種をしぼり、所得安定と後継者を育てる小笠原諸島。定置網を中心に環境保全と未利用の魚もうまく活用する小田原の相模湾を中心とした漁業。漁師と販売を直結させ所得向上につなぐ福岡「道の駅むなかた」。漁村直結で寿司店・レストランを展開する福岡「グラノ24ｋぶどうの樹」などが、新たな魚の利用価値の取り組みで注目されている。

47 身近な食用油は自給率12％。カロリー計算をすると自給率は3％

私たちの食に欠かせない大切なものに食用油がある。インスタント麺、スナック菓子、アイスクリーム、マーガリン、石鹸、化粧品、シャンプーなど、あらゆる場面で使われている。

油の原料となるのは、とうもろこし、大豆、菜種、オリーブ、ゴマ、ひまわり、アブラヤシ（パーム油）などがある。ほとんどが輸入だ。自給率は12％（２０１６年）。１９６５年は31％だった。

年間の消費量は年々増えており１９６５年は1年一人当たり6・5kgだったものが、２０１６年には14・２kgと倍以上になった。私たちの消費カロリー２４３９キロカロリー／1日から計算をすると油脂類は３５８キロカロリー／1日で、自給率で計算をすると11キロカロリー／1日となり、カロリーの自給率は３％だ。

いちばん使われている油は、大豆だが、最近増えているのがアブラヤシから採れるパーム油。日本には年間70万トンが輸入され、一人あたり年間5kg消費をしている。

ところが、このパーム油の生産が大きな問題となっている。

原生の森林が伐採されてアブラヤシが栽培され環境破壊を招いているからだ。パーム油が大豆よりも多く油脂が採れること、使うのには価格も安く効率がよく用途が多いこと、販売も伸びていることから、栽培面積が拡大している。これによって、森林の動物（ゾウ、オランウータンなど）の生息地が奪われ、昆虫、花々、木々など多様な生物がいる環境が失われている。

WWF（World Wide Fund for Nature）が、「持続可能なパーム油のための円卓会議」（RSPO）を設立し、生産工程が明確で環境を保全し、労働環境を守り、環境破壊につながらないように多くの企業や生産団体などに呼び掛けている。認証を受けた企業の商品にはSPOのマークが付いている。またさまざまな団体の連携した活動、トラスト運動も行われている。

もうひとつパーム油から生まれる飽和脂肪酸とトランス脂肪酸が問題となっている。飽和脂肪酸は肉類、乳製品に多く、パーム油にも含まれている。採り過ぎると肥満、糖尿につながると言われる。トランス脂肪酸は油を熱や水素を加工したもので、パーム油からもできる。マーガリンに含まれているという話を聞いたことがある人も多いのではないだろうか。

ＷＨＯは摂取カロリーに占めるトランス脂肪酸を１％以下に抑えるよう推奨している。トランス脂肪酸の過剰摂取は、ＬＤＬコレステロール（悪玉コレステロール）を増やし、心血管疾患のリスクを高めるからだ。日本でもトランス脂肪酸に関する情報を出しているが、国内では、摂取量が少なく１％以下だとしている。それよりも飽和脂肪酸を多く摂取しており、これを抑えることを重視している。

第5章
日本の農業についてクライシスな8の事実

日本の農家は40年で半分以下に減った。農業人口も減り、高齢化が進んで、現在の日本の農地だけでは、日本国民の食料をまかなえなくなっている。

もし海外からの輸入がストップしたら、第二次世界大戦中から戦後にかけてのような食料統制が必要だというほど、大変な事態になっていることをあなたはご存知だろうか？

国は食料危機に備えて、農地の集約化・合理化・効率化を進めているが、なかなかはかどらない。

48 日本国内の65歳以上の農業従事者の割合は60・7%

現在の日本には215万5000戸の農家がある（2015年）。606万戸の農家があった1960年当時から、390万5000戸が減り半分以下になった。「主業農家（農業所得が主で、年間60日以上農業に従事する65歳未満の人がいる農家）」となると26万8000戸しかないのだ。

わが国の65歳以上の農業従事者は全体の60・7%を占めている。海外を見ると、65歳以上の農業従事者の割合は、フランスでは4%、イギリスでは7%だという。これと比べると日本の農業はかなり偏っている。ほとんどの農家が、耕地面積も小さく、販売金額も少なく、かつ高齢者なのだ。

このため国は、後継者がいて栽培面積が多い農家に農地を集約させる政策をとり、一般企業の農業参入も認めはじめた。つまり力のあるところにまとめようとしているのだ。

しかし、この政策には不安もある。大きくまとめるということは、農業の多様性を喪失することでもある。これでは大量にとれる農産物の生産だけに偏りかねない。

そもそも日本はアメリカとは異なり、山間地が多く、集約できる農地は限られている。農地を集約するよりも、むしろ農業（1次産業）に農産品の加工（2次産業）や、販売・営業・サービス・観光・教育（3次産業）などを加えた「6次産業としての農業」を追求することが必要だろう。

有機栽培や地方独自の野菜などの〝付加価値の高い〟農産物の栽培、加工を考えた作物の生産、消費者への直接販売・マーケティング、農村観光のグリーンツーリズムなどへの取り組みが各地ではじまっている。実はそうした新しい農業を行っているところのほうが小さくとも活気のあることが多いのだ。

49　1経営あたりの農地はアメリカ169・6ヘクタール、日本は2・8ヘクタール

日本人の人口は、1億2659万人。これに対して耕地面積は444万4000ヘクタール。1経営あたりの耕地面積は2・8ヘクタールだ。

これに対してアメリカは人口3億1945万人に対して、耕地面積は4億820万ヘクタール。1経営あたり169・6ヘクタールもある。日本の38倍だ。

他の国はどうだろうか。イギリスは1経営あたり92・3ヘクタール、ドイツは1経営あたり58・6ヘクタール、フランスは1経営あたり58・7ヘクタールだ。こうしてみると、いかに日本の耕地面積が狭いかがわかる。

この結果、日本は食料輸入が非常に多い。いいかえれば日本は食料のほとんどを海外の農地に頼っている。もし海外で飢饉や戦争があれば、たちまち日本は行き詰まる。

そのために生産面積の拡大と自給率アップが叫ばれているのだが、耕地面積が広く、合

理化の進んだ海外の農産物は安く、日本の農産物とは価格的に釣り合いがとれないという矛盾を抱えている。日本でも機械化・大型化・集約化に取り組んでいるが、必ずしもうまくいっていない。

むしろ耕地面積は狭くても、高付加価値の安心安全な作物を栽培し、消費者も事情を理解した上で購入するという形が必要ではないか。同時に、そうした農業を安定して継続できる政策もとらないと、生産はなかなか広がらない。

50　日本の耕作放棄地の面積は23・４万ヘクタール

日本の食料は、ほとんどが輸入に頼っている。先進諸国で食料の60％以上を輸入に依存している国は日本だけだ。そこで国では食料危機に備えて、国内生産を増やそうとしている。

ところが農業の現場では、今後数年の間に耕作する意思のない土地（＝耕作放棄地）がどんどん増えている。耕作放棄地は１９９５年には16万２０００ヘクタールだったが、２００２年には21万ヘクタールとなった。さらに２０１７年には24万４０００ヘクタールにもなっている。耕作できるが、諸事情で遊休地になっているものは１万１０００ヘクタールある。

耕作放棄の原因は、農家の高齢化や、輸入農産物の増大、農産物の価格低迷、他の仕事に比べ農業に従事する人が減ったことなどがあげられる。現在、国では大規模な農家への集約化、企業参入の奨励、新規就農者への呼びかけ、また再生可能エネルギーと組みあわせ、収益を上げることも実施されている。さまざまな試みをしているが、なかなか歯止めはかかりそうにない。

51　農業を仕事にする人は日本の全人口の約3・5％

田舎暮らしがブームになり、マスコミでもさかんに農業が取り上げられるようになったが、実際に農業に従事する人は少ない。2015年で農業・林業を合わせて総就業人口の3・5％である。1960年には総就業人口の26・8％で、ほぼ4人に1人が農業に従事していたことから考えると極端に減ったことになる。

このため国では、農業の就農支援をおこなっている。45歳未満で、農業者を目指す人には、技術研修を受ける場合年間150万円の交付が2年間受けられるというもの。また独立を目指す人は、最長5年間150万円の交付金が受けられる。ただ、大切なのは売り先を明確にしたマーケティングだ。

新規就農支援では、レストラン、食品流通会社、種苗会社、JA、農家、市と連携し、売り先を確保して若手経営者を育てる埼玉県「さいたまヨーロッパ野菜研究会」。取り引き先の欲しい野菜のニーズに合わせ、生産することで、農業経営者を安定させ、新規就農者を増やしている群馬県「野菜くらぶ」。稲作を集約し、そこで穫れた米を中心に弁当、惣菜、餅、大福などの加工品の販売、直売所の運営、レストランの経営など多角化をして雇用を生み出し、同時に広範な農地を維持している石川県白山市の株式会社六星。以上のような新しい動きも生まれている。

52　新規で農業に従事する人は5万5670人

新たな仕事として農業をはじめた人（新規就農者）は、1985年には9万3900人いたが、1990年には1万5700人に激減した。しかし1995年には4万8000人と上昇しはじめ、そこから少しずつ増える傾向にあり、2017年は5万5670人。
農業にチャレンジする理由は、新たな仕事として農業が注目されたこと、若者の独立志向、田舎の自然へのあこがれなどさまざまだ。

このうち49歳以下は2万7760人で、4年連続で2万人を超えている。内訳をみると、新規の自営農業就農者は4万1520人、新規雇用就農者は1万5520人、新規参入者は3640人となっている。

最近は、国や県、市町村などで、新しく農業に就きたい人たちへのサポート体制が整いつつあることもあって、農業をしてみたいという人が、徐々に増えている。

53 農家が直接販売する直売所は全国に２万３４４０カ所

農家が直接農産物を販売する直売所が増えている。ファーマーズ・マーケットとも呼ばれ、現在全国で約２万３４４０カ所、売り上げにして年間１兆３２４億円と推測されている。１兆円以上の産業に育った。

ファーマーズ・マーケットが急速に増えたのは、ここ10年くらいのことだ。歴史は浅いが、野菜や米だけでなく、加工品も販売して、年間50万人以上を動員、年間売り上げは億単位というところも珍しくない。

たとえば愛媛県今治市のＪＡおちいまばりの「さいさいきて屋」。野菜、魚、果物、肉など生鮮三品がすべて揃う。食堂もある。売り上げは約25億円。多くの雇用や新規就農も育てた。

たとえば三重県の「モクモク手づくりファーム」は、宿泊施設もある農業公園スタイルで、年間動員50万人、売り上げ40億円をあげ、地域の活性化に大きく貢献している。

人気の理由は、野菜が新鮮で値段が手頃なこと、そして生産者と消費者の顔の見える関係があるという信頼感だ。

もともとは、農家自身が作物に値段をつけられず、すべて市場にゆだねられるという不満、少量多品目を栽培する小さい農家には市場出荷が難しい、といったことが背景となって、消費者に直接販売する農家が出てきたのがはじまりだ。流通コストがかからず農家の取り分が多くなるメリットもあり、地域によっては、市場よりも、直売所での販売のほうが多いところも出てきている。消費者にとっても鮮度の高い地元産のものが手に入るとあって、中国輸入野菜の農薬問題以降、急激に人気が高まってきたのである。

54 農村に観光客を迎える農家民泊は2030軒

農村への観光が国で進められている。これまであまり注目されてこなかった観光地でもなかった農村。その農村に観光客を呼び込もうと、観光庁、農水省などが力を入れている。

かつては、国内旅行が中心で、海外からの観光客誘致には、あまり力が入っていなかった。ところが国が熱心に海外客の誘致を行ってきたところ、外国からの観光客が急増している。これまで東京、大阪、京都など、都市部を中心に訪れている観光客を地方へ呼ぼうというわけだ。

その理由は、観光客がこれからの産業として外貨を稼ぐうえで大きな経済的効果をもたらすこと。人口減、高齢化、若者の流失などで、今後厳しくなる地方の小さな町や農村に、観光で地域の活性化を図ろうというものだ。

1964年海外から日本に訪れる観光客は約35万人だった。それが2000年代になって少し伸び始め、3・11福島原発事故で急減したものの、2013年から回復。2014年には約1400万人へ。2017年には2869万人までになった。

2017年での「世界各国、地域への外国人訪問者数ランキング」では世界12位。アジアで4位にまで上り詰めた。ちなみにトップ10は、フランス、スペイン、アメリカ、中国、イタリア、メキシコ、トルコ、ドイツ、イギリス、タイ。そしてオーストラリア、日本と続く。

2014年には、日本はランキングで22位だったのだから、その急伸ぶりはすざまじい。日本は、2020年までに4000万人に。2030年には6000万人を目指すと目標をたてている。つまり、世界ランキングでフランス、スペイン、アメリカに次いで4位にのぼりつめようというのである。そのなかで注目されているのが、現在、5位につけているイタリア。日本の国土の5分の4。山間地が多い。それなのに海外からの観光客は日本の倍。5800万人がおとずれている。

とくに注目されているのが、農村の観光。アグリツーリズモといわれる農家に泊まる観光である。地方に訪れる観光客の7割が農家の宿泊を選ぶと言われる。2万軒以上がある。日本で農家民泊と呼ばれるのは2030軒。ということは、イタリアは日本の10倍以上あることになる。

日本でも農村観光を早くから進めてきたところがある。大分県宇佐市の安心院町《あじむまち》、長野県飯田市などだ。もっとも修学旅行がメインだった。これを海外客にまで広めようという方針を国が掲げている。

イタリアを始め、イギリス、スペイン、ドイツなどは、早くから農村の観光が発達してきたところ。イタリアのアグリツーリズモも農家民泊と訳されてしまうので、誤解を招きやすいのだが、日本とはかなり異なる。日本の場合は、農家民泊は家族と一緒の住まいに寝泊まりをして、農家が朝、夜と料理を提供するというのが主流。ところが海外では、アパートメント方式で別室になっていて、キッチン、ベッド、トイレ、シャワーなどがそれぞれの部屋にあるというタイプが主流。食事は朝の軽食、あるいは自分で作る。あとは外で食べるというのが普通だ。それと決定的に違うのは、イタリアを含むEUの多くは景観条例があって、色調や風景の調和が求められ、日本のように、勝手に派手な色を使ったり、自動販売機を置いたり、周辺と異なるような建造物を建てたりができない。そのことで景観が守られ、田舎らしい景色が保たれるというわけだ。

日本に訪れる海外観光客の嗜好も大きく変化した。日本らしい文化、自然、日本食など、その地域らしいものを求める観光客が増えている。これから日本らしい風景をいかに作り、快適な農村の宿泊を作ることができるか。それが、これからの農村観光の大きな要になってくる。

55　農山村の太陽、木など利用すれば年間1062・9億kwhの電気が作れる

農村や山間地では、人口減や高齢化などで、農地が使われない休耕地が増えた。また木材の自由化以降、森林の木材価格が下がり、森林の活用ができないということが、各地で起こっている。あるいは、コーヒーの輸入が増えてお茶の需要が減り、茶畑が放置されたり、かつて盛んだった養蚕が、化学繊維の台頭ですたれ、蚕を飼うための桑畑が荒地になったり、さまざまな要因から、森林資源や畑などが遊休化をしている。

そんななかで注目されているのが再生可能エネルギー。木材をチップ化して燃料として電気を起こす木質バイオマス。有名なのは、北海道下川町、岡山県真庭市など。遊休地の田んぼにソーラーパネルを設置して、太陽光発電で売電をして、農業と再生可能エネルギーを合体することで、収入も増やす。千葉県、小田原市、群馬県昭和村などで行われている。風力、バイオマス、小水力発電の複合では、高知県梼原町が有名。

農水省の試算では、

◆太陽光発電・年間発電量：984億kWh（再生利用困難な荒廃農地の面積：14・4万haに仮に単純に全てに太陽光発電設備を整備した場合）◆農業用水利施設による小水力・年間発電量：8・9億kWh（未開発の包蔵水力エネルギー及び開発済みの中小水力発電量から試算）◆バイオマス発電（未利用間伐材（林地残材）の年間発生量：2000万㎥仮に全て木質バイオマス発電に活用した場合）年間発電量：70億kWhとなっている。全体を合わせると、年間1062・9億kwhだ。

100万kWの原発が1年間発電したら電力量は87億6000万kWhと推定される。すると山間地や遊休地などで、単純計算で、原発12基分の電気が賄えることとなる。

これに、新たな農業、例えば、農家の民泊と観光、そこだけにしかない特産品開発などを複合化すれば新たな経済が生まれる。今、各地で再生可能エネルギーの取り組みが始まっている。

おわりに

私たちの身近で気軽に食べているもの。市販の製品で大量のコマーシャルで宣伝されているもの。それら「普通」のものを無意識に食するうちに、肥満、高血圧、糖尿になり、それらがさまざまな疾患につながることは多くの健康データでも明らかになっている。

ただ生きているだけでは健康を維持できない時代がやってきた。

つまり、私たちは普段から強く意識して体によい食品をチョイスして生活をしなければ、健康を守ることすらできなくなってしまったのだ。

『フードクライシス　食が危ない！』として本書の旧版を出したのは２００６年。絵本形式でわかりやすいと好評だった。当時は、ＢＳＥ（狂牛病）や、海外からの輸入農産物の残留農薬がクローズアップされ、身近な食べ物が危ないと、大問題になった。それらは、グローバル社会において、食が大きく国境を越えて社会問題になる兆しだったといえるだろう。そのときさまざまな対策がとられて、食の環境がよくなったのかというと、そうではなかった。

海の環境は、国内はもちろん世界からプラスチックが海に流れ出し、海の生き物たちを侵食して、国際的な課題になるようになった。国内では福島原発事故が起こり、その事故処理問題は、いまだ続いている。汚染で、キノコや山菜、ジビエなど出荷できない地域は今もある。除染作業も終わっておらず、事故後に使えなくなった田畑や山林も多くある。故郷に戻れない人もいまだ少なくない。

世界では、CO_2削減の方向と持続社会のために、大きく再生可能エネルギーに転換。金融、設備投資も技術開発も急速にすすんだ。ところが日本は大きく出遅れている。そればかりか、いまだに原発再稼働などと愚かな選択をしようとしている。大きなリスクを抱えているとわかっているにもかかわらずだ。

私たち自身が、健康や環境を意識しながら、身近なところから、変えていくことが大切だろう。同時に、私たちがかかわる自治体では、もっと重点的な環境対策を打ち出さないと、食の未来は守れない。

一方で、真摯に未来への取り組みを始め、地域のノウハウの連携を行うところも生まれている。神奈川県小田原市の蒲鉾「鈴廣」を始め、自治体や中小企業とネットワークした再生可能エネルギーの取り組み。名古屋の朝市で、無農薬無化学肥料のマルシェを開催し新規就農者も広がりをつくる活動など、さまざまな環境と未来を見据えての具体的な動きが足もとから各地で始まっている。

また農村や地方で、空き家や倉庫、民家などをリノベーションし、地域をネットワークして、新たな食と環境を連携させる観光の活動も生まれている。その足元の活動が、もっとも大切になっている。グローバルになったいまこそ、ローカルからの発信が、豊かな未来を創ることにつながる。

今回の本を作成するにあたり、ディスカヴァー・トゥエンティワンの干場弓子取締役社長、取締役編集局長・藤田浩芳さん。とりわけ編集部・塔下太朗さんには大変お世話になりました。こころより感謝申し上げます。

に関する表示について）消費者庁／**26**　食品添加物　厚生労働省（2018年2月）『子どもに「買ってはいけない」「買ってもいい」食品』渡辺雄二著　大和書房　2017年11月／**27**　新農薬ネオニコチノイドが脅かす ミツバチ・生態系・人間［改訂版（3）2016］［特定非営利活動（ＮＰＯ）法人　ダイオキシン・環境ホルモン対策国民会議］／**28**　農協についての統計：農林水産省　農協一斉調査の結果（平成28事業年度）JAcom 農業協同組合新聞　2018年7月19日号／**29**「プラスチックを取り巻く国内外の状況」環境省（平成30年8月）「海を脅かすプラスチック　漂うプラスチックは氷山の一角」（ナショナルジオグラフィック日本版）2018年6月号／**30**　日本の食料自給率：農林水産省　平成29年／**31**　食料自給力指標の各パターンにおける食事メニュー例　農水省　平成29年／**32**　世界の食料自給率：農林水産省 都道府県別自給率／**33**　世界の食料自給率：農林水産省 都道府県別自給率／**34**　野菜をめぐる情勢　農林水産省　平成28年7月／**35**　そば及びなたねをめぐる状況について　農林水産省　平成27年／**36**　世界の食料自給率：農林水産省 ／**37**　公益財団法人塩事業センター・タバコと塩の博物館／**38**　知ってる？ 日本の食料事情：農林水産省　平成30年8月　／**39**　農林水産省統計　平成29年耕地面積（7月15日現在）／**40**　日本の食料自給率：農林水産省　平成29年／**41**　酪農乳業情報 Jミルク　畜産・酪農をめぐる情勢　平成30年7農林水産省　生産部畜産部／**42**　米国の農林水産業概況 平成29年7月3日　農林水産省／**43**　知ってる？　日本の食料事情：農林水産省　平成30年8月／**44**　平成29年水産白書　水産庁／**45**　藻場・干潟の現状及び効果的な藻場・干潟の保全・創造に向けた課題について：水産庁　平成27年7月17日／**46**　2013年漁業センサス：農林水産省／**47**　食料の供給に関する特別世論調査　平成26年2月20日内閣府／**48**　農村の現状に関する統計：農林水産省　平成29年／**49**　農地に関する関する統計　平成29年　農林業センサス：農林水産省　2015年／**50**　荒廃農地の発生防止・解消等：農林水産省（平成30年3月）／**51**　農業次世代人材投資資金（旧青年就農給付金)：農林水産省　2018年1月／**52**　統計情報/農村の現状に関する統計　農林水産省／**53**（農林水産統計　平成30年7月13日公表　農林水産省）／**54**　農林水産統計　平成30年7月13日　農林水産省　日本政府観光局(JNTO) ／**55**　農山漁村における再生可能エネルギー供給ポテンシャル（農林水産省　平成28年）

参考文献／典拠資料

01　国民健康・栄養調査　厚生労働省（平成28年度）／**02**　平成28年国民健康・栄養調査の調査テーマについて（厚生労働省）／**03**　「もっとキレイに、ずーっと健康　栄養素図鑑食べ方テク」中村丁次監修（朝日新聞出版2017年８月）「医者が教える食事術　最強の教科書　20万人を診てわかった医学的に正しい食べ方68」牧田善二著（ダイヤモンド社　2017年９月）「くらしに役立つ栄養学　新出真理著監修（ナツメ社　2018年１月）／**04**　学校におけるアレルギー疾患対応の基本的な考え方 文部科学省（公財）日本学校保健会 平成25年度／**05**　健康日本21（第二次）厚生労働省（2013年３月）喫煙率：国立がん研究センター がん登録・統計（2018年６月）／**06**　**07**　「国民健康・栄養調査」の結果　厚生労働省（平成28年）／**08**　平成27年度・国民医療費（厚生労働省）2025年度に向けた国民医療費等の推計・健康保険組合連合会 2017年９月／**09**　国民健康・栄養調査｜厚生労働省（平成28年）／**10**　「噛まない子は本当にだめになる」（斎藤滋著　風人舎）「日本歯科評論（№620）」（日本歯科評論社）「誰も気づかなかった噛む効用　咀嚼のサイエンス」（日本教文社）／**11**　平成29 年度学校保健統計（学校保健統計調査報告書）文部科学省　肥満　日本小児内分泌学会／**12**　（厚生労働省　平成27年都道府県別生命表の概況）（データを活用した滋賀県の長寿要因の解析 滋賀県庁）（長寿健康プロジェクト・研究事業　長野県庁）都道府県別の肥満及び主な生活習慣の状況（平成18～22年の５年分の国民健康・栄養調査データ）／**13**　（米をめぐる参考資料：農林水産省 平成30年３月　農水省）米等の消費と朝食欠食．厚生労働省平成26年「国民・栄養調査報告書」／**14**　食生活の変化　１人当たりの食料の実質金額指数の推移　総務省　2018版　惣菜白書　一般社団法人日本惣菜協会／**15**　「ウナギをめぐる状況と対策について」（平成30年　水産庁）／**16**　「スローフード・マニフェスト」（木楽舎）／**17**　日本の食料自給率・食料自給力と食料安全保障～平成27年10月農林水産省／**18**　有機農業の推進に関する現状と課題　農水省生産局農産部農業環境対策課　平成25年８月／**19**　「子どもと食べ物アンケート調査報告書」（全国農業協同組合連合会）「食のプロに聞いた日本の旬アンケート結果」（日清製粉グループ本社）／**20**　「旬の食材」（講談社）「資源調査会資料」（科学技術庁）／**21**　食品ロス削減関係参考資料（平成30年６月21日版）消費者庁消費者政策課／**22**　「鳥獣被害の現状と対策」（平成30年　農林水産省）／**23**　農林水産省　畜産統計（平成30 年２月１日）／**24**　食料の供給に関する特別世論調査 内閣府　平成26年／**25**　「キングコーン　世界を作る魔法の一粒」（2007年　アメリカ映画）「本当はダメなアメリカ農業」菅正治著（新潮新書　2018年）　食品表示に関する共通Q&A（第３集：遺伝子組換え食品

ディスカヴァー携書
205

食にまつわる55の不都合な真実

発行日　2018年8月30日　第1刷
　　　　2018年11月10日　第3刷

Author　金丸弘美

Illustrator　ワタナベケンイチ
Book Designer　遠藤陽一（DESIGN WORKSHOP JIN, Inc.）

Publication　株式会社ディスカヴァー・トゥエンティワン
〒102-0093　東京都千代田区平河町2-16-1 平河町森タワー11F
TEL　03-3237-8321（代表）
FAX　03-3237-8323
http://www.d21.co.jp

Publisher　干場弓子
Editor　藤田浩芳　塔下太朗

Marketing Group
Staff　小田孝文　井筒浩　千葉潤子　飯田智樹　佐藤昌幸　谷口奈緒美
古矢薫　蛯原昇　安永智洋　鍋田匠伴　榊原僚　佐竹祐哉　廣内悠理
梅本翔太　田中姫菜　橋本莉奈　川島理　庄司知世　谷中卓
小木曽礼丈　越野志絵良　佐々木玲奈　高橋雛乃

Productive Group
Staff　千葉正幸　原典宏　林秀樹　三谷祐一　大山聡子　大竹朝子
堀部直人　林拓馬　松石悠　木下智尋　渡辺基志

Digital Group
Staff　清水達也　松原史与志　中澤泰宏　西川なつか　伊東佑真　牧野類
倉田華　伊藤光太郎　高良彰子　佐藤淳基

Global & Public Relations Group
Staff　郭迪　田中亜紀　杉田彰子　奥田千晶　連苑如　施華琴

Operations & Accounting Group
Staff　山中麻吏　小関勝則　小田木もも　池田望　福永友紀

Assistant Staff　俵敬子　町田加奈子　丸山香織　井澤徳子　藤井多穂子　藤井かおり
葛目美枝子　伊藤香　鈴木洋子　石橋佐知子　伊藤由美　畑野衣見
井上竜之介　斎藤悠人　平井聡一郎　宮崎陽子

DTP　株式会社RUHIA　アーティザンカンパニー株式会社
Printing　中央精版印刷株式会社

ISBN978-4-7993-2353-3

携書ロゴ：長坂勇司
携書フォーマット：石間　淳